2変数の微分積分

佐藤　文敏

はじめに

本書は著者が 2005 年の夏に学生から頼まれ University of Utah の Math Tutoring Center で行った Calculus III の補習の講義録を 2012 年に電気情報工学科 3 年次科目である工業数学 I を教えるにあたり，高等専門学校の教育に合う様にアレンジしたものである．そのときには，いくつかの項目 (Taylor 展開の存在・包絡線・広義積分・曲面の面積) を除き第 2 章から第 4 章までを，15 コマ程度でカバーした．

アレンジするにあたり，いくつかの項目を割愛し，微分形式についての章を追加したものである．米国における多変数の微分積分の標準的なカリキュラムの内容で本書に含まれていない項目は以下のものである．

- 一般の n 次元空間での微分積分
- 3 次元の極座標および円柱座標での微分積分
- ベクトル解析
- 物理学への応用

2021 年　1 月　　　　佐藤　文敏

目次

第 1 章

ベクトル

1.1 平面と空間のベクトル

1.1.1 代数的観点

順序のついた 2 つの実数の組 (a_1, a_2) を平面ベクトルといい，平面ベクトルの集合を $\mathbb{R}^2$ で表す．同様に順序のついた 3 つの実数の組 (a_1, a_2, a_3) を空間ベクトルといい，空間ベクトルの集合を $\mathbb{R}^3$ で表す．そして，a_1 を第 1 成分または x 成分，a_2 を第 2 成分または y 成分，a_3 を第 3 成分または z 成分という．また，ここで $\mathbb{R}$ は実数の集合を表す．ベクトルを太字 $\boldsymbol{a}$ や文字の上に矢印を付けて $\vec{a}$ で表す．

ここでは，空間ベクトルを使って説明するが，平面ベクトルの場合にも同様である．

2 つのベクトル $\boldsymbol{a}, \boldsymbol{b}$ が等しいとは，全ての成分が等しいことをいう．つまり，$\boldsymbol{a} = (a_1, a_2, a_3)$, $\boldsymbol{b} = (b_1, b_2, b_3)$ であれば $a_i = b_i$ $(i = 1, 2, 3)$ となるとき，$\boldsymbol{a} = \boldsymbol{b}$ である．

2 つのベクトル $\boldsymbol{a} = (a_1, a_2, a_3)$, $\boldsymbol{b} = (b_1, b_2, b_3)$ の和を

$$\boldsymbol{a} + \boldsymbol{b} = (a_1, a_2, a_3) + (b_1, b_2, b_3) = (a_1 + b_1, a_2 + b_2, a_3 + b_3)$$

で，1 つの実数 (スカラー) k と 1 つのベクトル $\boldsymbol{a} = (a_1, a_2, a_3)$ の積 (スカラー倍) を

$$k\boldsymbol{a} = k(a_1, a_2, a_3) = (ka_1, ka_2, ka_3)$$

で定義する．

$\boldsymbol{b}$ が 0 でない実数 k を使って $\boldsymbol{b} = k\boldsymbol{a}$ と書けるとき，$\boldsymbol{a}$ と $\boldsymbol{b}$ は平行であるという．

零ベクトル $\mathbf{0} = (0, 0, 0)$ という特別なベクトルがあり，任意のベクトル $\boldsymbol{a}$ と任意の実数 k に対して次のことが成り立つ．

$$\boldsymbol{a} + \mathbf{0} = \mathbf{0} + \boldsymbol{a} = \mathbf{0}, \quad k \cdot \mathbf{0} = \mathbf{0}$$

また，$\boldsymbol{a} = (a_1, a_2, a_3)$ に対して，$-1\boldsymbol{a} = (-a_1, -a_2, -a_3)$ は

$$\boldsymbol{a} + (-1\boldsymbol{a}) = (a_1, a_2, a_3) + (-a_1, -a_2, -a_3) = (0, 0, 0)$$

を満たすので，$-1\boldsymbol{a}$ を $\boldsymbol{a}$ の逆ベクトルといい，$-\boldsymbol{a}$ で表す．そして，2 つのベクトル $\boldsymbol{a}, \boldsymbol{b}$ の差 $\boldsymbol{a} - \boldsymbol{b}$ を $\boldsymbol{a} + (-\boldsymbol{b})$ で定義する．

今は順序のついた 2 つまたは 3 つの実数の組を考えたが，一般には順序のついた n 個の実数の組 $(a_1, a_2, \cdots, a_n)$ についても上で説明したことは成り立つ．n 個の実数の組 $(a_1, a_2, \cdots, a_n)$ の集合を n 次元数ベクトル空間といい，$\mathbb{R}^n$ で表す．

説明はしないが，ここで和とスカラー倍の性質についてまとめておく．

和とスカラー倍の性質

3 つのベクトル $\boldsymbol{a}, \boldsymbol{b}, \boldsymbol{c}$ と 2 つの実数 k, l に対して次のことが成り立つ．

(1) $\boldsymbol{a}+\boldsymbol{b}=\boldsymbol{b}+\boldsymbol{a}$

(2) $\boldsymbol{a}+(\boldsymbol{b}+\boldsymbol{c})=(\boldsymbol{a}+\boldsymbol{b})+\boldsymbol{c}$

(3) $\boldsymbol{a}+\boldsymbol{0}=\boldsymbol{0}$

(4) $\boldsymbol{a}+(-\boldsymbol{a})=\boldsymbol{0}$

(5) $(k+l)\boldsymbol{a}=k\boldsymbol{a}+l\boldsymbol{a}$

(6) $k(\boldsymbol{a}+\boldsymbol{b})=k\boldsymbol{a}+k\boldsymbol{b}$

(7) $k(l\boldsymbol{a})=(kl)\boldsymbol{a}=l(k\boldsymbol{a})$

(8) $1\boldsymbol{a}=\boldsymbol{a}$

1.1.2　幾何学的観点

平面または空間での点 A から点 B までの移動は，図の様に線分 AB に向きを表す矢印をつけて表せる．線分の長さが移動距離を，矢印の向きが移動方向を表している．

この様に，向きのついた線分を有向線分といい，有向線分 AB において，A を始点，B を終点という．

有向線分について，その位置を問題にせず，向きと長さだけに着目したものをベクトルという．つまり，向きと大きさが等しい 2 つの有向線分はベクトルとしては同一視する．

$\overrightarrow{AB}$ の始点と終点を入れ替えた有向線分を $\overrightarrow{AB}$ の逆ベクトルといい，$-\overrightarrow{AB}$ で表す．

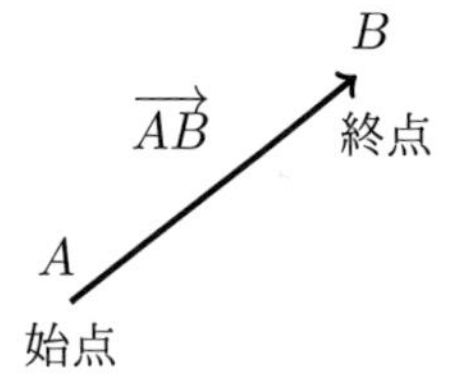

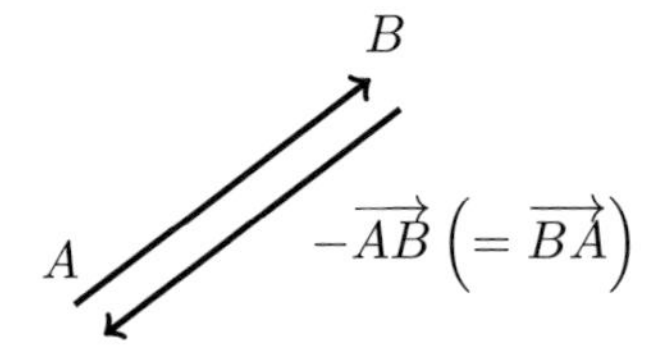

2 つのベクトル $\overrightarrow{AB}$ と $\overrightarrow{BC}$ の和を考えたい．ベクトルは移動を表していたので，$\overrightarrow{AB}+\overrightarrow{BC}$ は点 A から点 B までの移動と，点 B から点 C までの移動をあわせたものを表す様にしたい．したがって，2 つのベクトルの終点と始点を合わせ，1 つ目のベクトルの始点から 2 つ目のベクトルの終点へと引いた有向線分を和とする．

また，2 つのベクトルの和は 2 つのベクトルの始点をそろえて，平行四辺形を作ったときの対角線を使っても定義できる．

$\overrightarrow{AA}$ の様に始点と終点が一致しているベクトルを零ベクトルといい，$\mathbf{0}$ で表す．ただし，零ベクトルについては向きを考えない．

ベクトル $\boldsymbol{a}$ と実数 k の積 (スカラー倍) $k\boldsymbol{a}$ を次の様に定める．

$\boldsymbol{a}\neq\mathbf{0}$ のとき，$k\boldsymbol{a}$ は

- $k>0$ のときは，$\boldsymbol{a}$ と同じ向きで長さ (大きさ) が k 倍のベクトル
- $k<0$ のときは，$\boldsymbol{a}$ と逆向きで長さ (大きさ) が $|k|$ 倍のベクトル
- $k=0$ のときは，$0\boldsymbol{a}=\mathbf{0}$

ただし，$\mathbf{0}$ に対しては $k\mathbf{0}=\mathbf{0}$ と定義する．

そして，$(-1)\boldsymbol{a}$ を $-\boldsymbol{a}$ と書き，$\boldsymbol{a}-\boldsymbol{b}$ を代数的観点のときと同様に $\boldsymbol{a}+(-\boldsymbol{b})$ で定義する．

この様にベクトルを定義しても代数的観点の所で述べた「和とスカラー倍の性質」を満たす．

$\boldsymbol{a}=(a_1,a_2,a_3)$ を原点 $(0,0,0)$ から点 (a_1,a_2,a_3) へと引いた有向線分だと思えば幾何学的なベクトルだと思える．逆に，x-y-z 空間内の有向線分の終点の座標から始点の座標を引いて得られる $\mathbb{R}^3$ の元を有向線分の成分表示という．

代数的な観点と幾何学的な観点の両方を行き来しながら，問題を考えていくことが重要である．

1.2　内積

1.2.1　内積

2 つの平面ベクトル $\boldsymbol{a}=(a_1,a_2)$, $\boldsymbol{b}=(b_1,b_2)$ の内積 $\boldsymbol{a}\cdot\boldsymbol{b}$ を

$$\boldsymbol{a}\cdot\boldsymbol{b}=a_1b_1+a_2b_2,$$

2 つの空間ベクトル $\boldsymbol{a}=(a_1,a_2,a_3)$, $\boldsymbol{b}=(b_1,b_2,b_3)$ の内積 $\boldsymbol{a}\cdot\boldsymbol{b}$ を

$$\boldsymbol{a}\cdot\boldsymbol{b}=a_1b_1+a_2b_2+a_3b_3$$

で定義する．ここでも，空間ベクトルを使って説明する．

説明はしないが，ここで内積の性質についてまとめておく．

内積の性質

3 つのベクトル $\boldsymbol{a}$, $\boldsymbol{b}$, $\boldsymbol{c}$ と 1 つの実数 k に対して次のことが成り立つ．

(1) $\boldsymbol{a}\cdot\boldsymbol{a}\geqq 0$

(2) $\boldsymbol{a}\cdot\boldsymbol{a}=0 \iff \boldsymbol{a}=\boldsymbol{0}$

(3) $\boldsymbol{a}\cdot\boldsymbol{b}=\boldsymbol{b}\cdot\boldsymbol{a}$

(4) $\boldsymbol{a}\cdot(\boldsymbol{b}+\boldsymbol{c})=\boldsymbol{a}\cdot\boldsymbol{b}+\boldsymbol{a}\cdot\boldsymbol{c}$

(5) $(k\boldsymbol{a})\cdot\boldsymbol{b}=k(\boldsymbol{a}\cdot\boldsymbol{b})=\boldsymbol{a}\cdot(k\boldsymbol{b})$

内積を使うとベクトルの長さまたは大きさ $|\boldsymbol{a}|$ が次の様に定められる．

$$|\boldsymbol{a}|=\sqrt{a_1^2+a_2^2+a_3^2}=\sqrt{\boldsymbol{a}\cdot\boldsymbol{a}}$$

また，大きさが 1 のベクトルを単位ベクトルという．$\boldsymbol{a}$ と同じ向きの単位ベクトルは $\dfrac{1}{|\boldsymbol{a}|}\boldsymbol{a}$ となる．また，これを $\dfrac{\boldsymbol{a}}{|\boldsymbol{a}|}$ と書くこともある．

$\boldsymbol{0}$ でない 2 つのベクトル $\boldsymbol{a}$, $\boldsymbol{b}$ に対し，原点を始点として $\boldsymbol{a}=\overrightarrow{OA}$, $\boldsymbol{b}=\overrightarrow{OB}$ となる様に点 A, B をとる．このとき $\theta=\angle AOB$ を $\boldsymbol{a}$ と $\boldsymbol{b}$ のなす角という．ただし，$0\leqq\theta\leqq\pi$ とする．

このとき，余弦定理より

$$\boldsymbol{a}\cdot\boldsymbol{b}=|\boldsymbol{a}||\boldsymbol{b}|\cos\theta.$$

特に，$\boldsymbol{a}\cdot\boldsymbol{b}=0$ ならば，$\boldsymbol{a}$ と $\boldsymbol{b}$ は直交している．

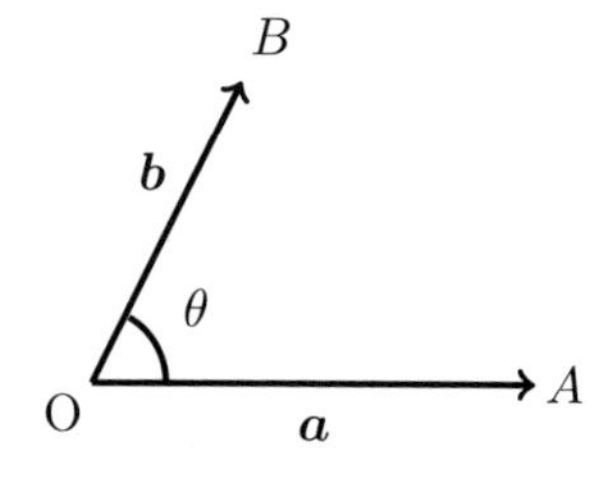

1.2.2　射影

$\mathbf{0}$ でない 2 つのベクトル $\boldsymbol{a}, \boldsymbol{b}$ に対し，$\boldsymbol{b}$ の $\boldsymbol{a}$ への射影 $\mathrm{proj}_{\boldsymbol{a}}\boldsymbol{b}$ を次の様に定義する．

始点を原点 O にそろえて，$\boldsymbol{a}$ 方向の直線へ，$\boldsymbol{b}$ の終点から垂線を下した足を P と置き，

$$\mathrm{proj}_{\boldsymbol{a}}\boldsymbol{b} = \overrightarrow{OP}$$

と定義する．そして，$\boldsymbol{a}$ と $\boldsymbol{b}$ の間の角を θ とする．

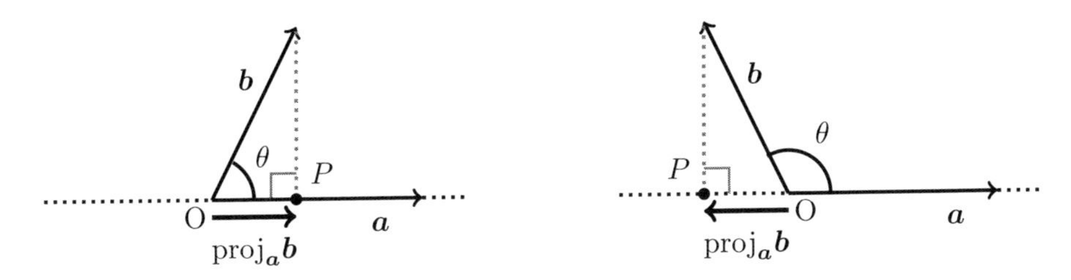

明らかに $\mathrm{proj}_{\boldsymbol{a}}\boldsymbol{b}$ は $0 \leqq \theta < \dfrac{\pi}{2}$ のとき $\boldsymbol{a}$ と同じ向き，$\dfrac{\pi}{2} < \theta \leqq \pi$ のとき逆向き，$\theta = \dfrac{\pi}{2}$ のとき $\mathbf{0}$ になっている．

また，$\mathrm{proj}_{\boldsymbol{a}}\boldsymbol{b}$ の長さは

$$|\mathrm{proj}_{\boldsymbol{a}}\boldsymbol{b}| = |\boldsymbol{b}||\cos\theta| = \frac{|\boldsymbol{a}||\boldsymbol{b}||\cos\theta|}{|\boldsymbol{a}|} = \frac{|\boldsymbol{a}\cdot\boldsymbol{b}|}{|\boldsymbol{a}|}.$$

$\boldsymbol{a}$ と同じ向きの単位ベクトルは $\dfrac{\boldsymbol{a}}{|\boldsymbol{a}|}$ と表されたので

$$\mathrm{proj}_{\boldsymbol{a}}\boldsymbol{b} = \frac{|\boldsymbol{a}||\boldsymbol{b}|\cos\theta}{|\boldsymbol{a}|}\cdot\frac{\boldsymbol{a}}{|\boldsymbol{a}|} = \left(\frac{\boldsymbol{a}\cdot\boldsymbol{b}}{\boldsymbol{a}\cdot\boldsymbol{a}}\right)\boldsymbol{a}$$

となる．

例 1.2.1. 一定の速度 $\boldsymbol{v}$ で平らな板に流れ込む水流がある．$\boldsymbol{n}$ を板に垂直な単位ベクトル (単位法線ベクトル) とする．このとき，単位時間に，単位面積当たりに流れ込む水の体積を求めよ．

$$|\mathrm{proj}_{\boldsymbol{n}}\boldsymbol{v}| = \frac{|\boldsymbol{n}\cdot\boldsymbol{v}|}{|\boldsymbol{n}|} = |\boldsymbol{n}\cdot\boldsymbol{v}|.$$

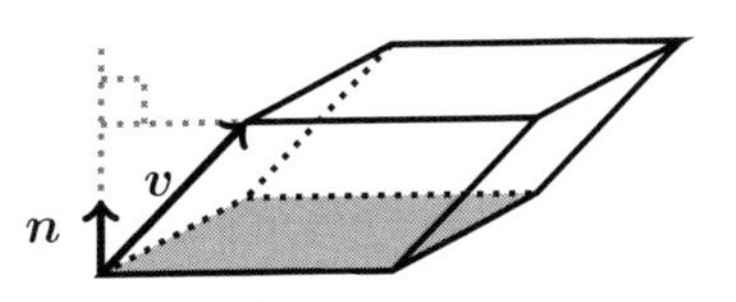

1.3 外積

1.3.1 平面の基本ベクトル

O を原点とする x-y 平面上で，x 軸，y 軸の正の向きと同じ向きの単位ベクトルを基本ベクトルといい，$\boldsymbol{e}_1$, $\boldsymbol{e}_2$ または $\boldsymbol{i}$, $\boldsymbol{j}$ で表す．

成分で書けば

$$\boldsymbol{e}_1 = \boldsymbol{i} = (1, 0),\ \boldsymbol{e}_2 = \boldsymbol{j} = (0, 1).$$

任意のベクトル $\boldsymbol{a} = (a_1, a_2)$ は基本ベクトルを使って

$$\boldsymbol{a} = a_1\boldsymbol{e}_1 + a_2\boldsymbol{e}_2 = a_1\boldsymbol{i} + a_2\boldsymbol{j}$$

と書き表せる．

1.3.2 空間の基本ベクトル

O を原点とする x-y-z 空間上で，x 軸，y 軸，z 軸の正の向きと同じ向きの単位ベクトルを基本ベクトルといい，$\boldsymbol{e}_1$, $\boldsymbol{e}_2$, $\boldsymbol{e}_3$ または $\boldsymbol{i}$, $\boldsymbol{j}$, $\boldsymbol{k}$ で表す．

成分で書けば

$$\boldsymbol{e}_1 = \boldsymbol{i} = (1, 0, 0), \boldsymbol{e}_2 = \boldsymbol{j} = (0, 1, 0), \boldsymbol{e}_3 = \boldsymbol{k} = (0, 0, 1).$$

任意のベクトル $\boldsymbol{a} = (a_1, a_2, a_3)$ は基本ベクトルを使って

$$\boldsymbol{a} = a_1\boldsymbol{e}_1 + a_2\boldsymbol{e}_2 + a_3\boldsymbol{e}_3 = a_1\boldsymbol{i} + a_2\boldsymbol{j} + a_3\boldsymbol{k}$$

と書き表せる．

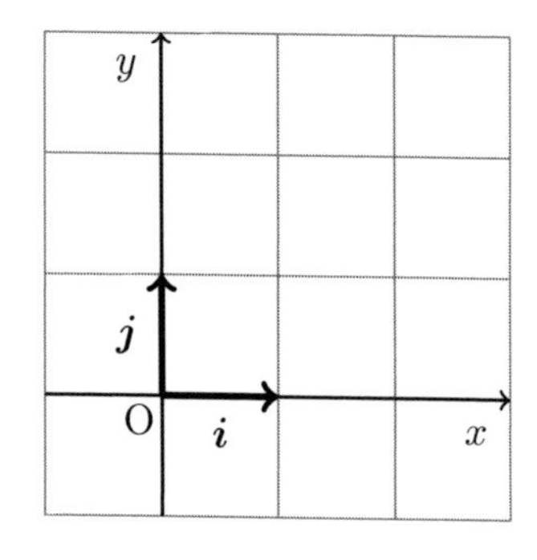

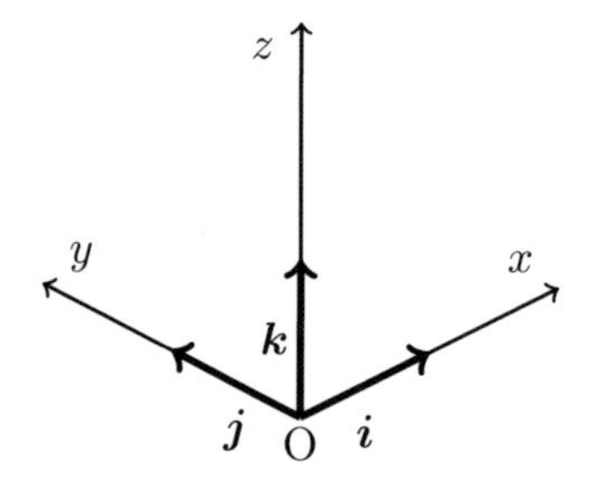

1.3.3　基本ベクトルの外積

外積 "$\times$" は 2 つの空間ベクトルに対して定義できる積であり，内積とは違い，ベクトルになる．先ずは基本ベクトル $\boldsymbol{i}, \boldsymbol{j}, \boldsymbol{k}$ について外積を次の様に定義する．

$$\boldsymbol{i} \times \boldsymbol{j} = \boldsymbol{k},\ \boldsymbol{j} \times \boldsymbol{k} = \boldsymbol{i},\ \boldsymbol{k} \times \boldsymbol{i} = \boldsymbol{j}$$

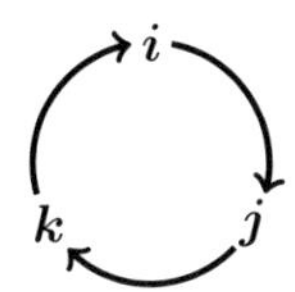

1.3.4　外積

基本ベクトル同士の外積と次の外積の性質により，任意の 2 つの空間ベクトルに対して外積が定義 (計算) できる．

外積の性質

外積 "$\times$" は 3 つのベクトル $\boldsymbol{a}, \boldsymbol{b}, \boldsymbol{c}$ と 1 つの実数 k に対して次の規則を満たす．

(1) $\boldsymbol{a} \times \boldsymbol{b} = -\boldsymbol{b} \times \boldsymbol{a}$
(2) $\boldsymbol{a} \times (\boldsymbol{b} + \boldsymbol{c}) = \boldsymbol{a} \times \boldsymbol{b} + \boldsymbol{a} \times \boldsymbol{c}$
(3) $(\boldsymbol{a} + \boldsymbol{b}) \times \boldsymbol{c} = \boldsymbol{a} \times \boldsymbol{c} + \boldsymbol{b} \times \boldsymbol{c}$
(4) $k(\boldsymbol{a} \times \boldsymbol{b}) = (k\boldsymbol{a}) \times \boldsymbol{b} = \boldsymbol{a} \times (k\boldsymbol{b})$

1 つ目の性質から，任意のベクトル $\boldsymbol{a}$ に対して

$$\begin{aligned} \boldsymbol{a} \times \boldsymbol{a} &= -\boldsymbol{a} \times \boldsymbol{a} \\ 2\boldsymbol{a} \times \boldsymbol{a} &= \boldsymbol{0} \\ \boldsymbol{a} \times \boldsymbol{a} &= \boldsymbol{0} \end{aligned}$$

が成り立つ．また，$\boldsymbol{j} \times \boldsymbol{i} = -\boldsymbol{i} \times \boldsymbol{j} = -\boldsymbol{k}$ となるので，一般には $\boldsymbol{a} \times \boldsymbol{b} \neq \boldsymbol{b} \times \boldsymbol{a}$ である．

2 つ目の性質から

$$\begin{aligned} \boldsymbol{a} \times (\boldsymbol{0} + \boldsymbol{0}) &= \boldsymbol{a} \times \boldsymbol{0} + \boldsymbol{a} \times \boldsymbol{0} \\ \boldsymbol{a} \times \boldsymbol{0} &= \boldsymbol{a} \times \boldsymbol{0} + \boldsymbol{a} \times \boldsymbol{0} \\ \boldsymbol{0} &= \boldsymbol{a} \times \boldsymbol{0} \end{aligned}$$

となるので $\boldsymbol{a} \times \boldsymbol{0} = \boldsymbol{0}$ である．

実数同士の掛け算と違い，一般には結合法則が成り立たない，つまり，一般には

$$\boldsymbol{a} \times (\boldsymbol{b} \times \boldsymbol{c}) \neq (\boldsymbol{a} \times \boldsymbol{b}) \times \boldsymbol{c}.$$

実際，$\boldsymbol{i} \times (\boldsymbol{i} \times \boldsymbol{j}) = \boldsymbol{i} \times \boldsymbol{k} = -\boldsymbol{k} \times \boldsymbol{i} = -\boldsymbol{j}$ であるが，$(\boldsymbol{i} \times \boldsymbol{i}) \times \boldsymbol{j} = \boldsymbol{0} \times \boldsymbol{j} = \boldsymbol{0}$.

これらの性質を使い，2 つの空間ベクトル $\boldsymbol{a} = a_1\boldsymbol{i} + a_2\boldsymbol{j} + a_3\boldsymbol{k}$, $\boldsymbol{b} = b_1\boldsymbol{i} + b_2\boldsymbol{j} + b_3\boldsymbol{k}$ の外積を計算すると

$$
\begin{aligned}
\boldsymbol{a} \times \boldsymbol{b} &= (a_1\boldsymbol{i} + a_2\boldsymbol{j} + a_3\boldsymbol{k}) \times (b_1\boldsymbol{i} + b_2\boldsymbol{j} + b_3\boldsymbol{k}) \\
&= (a_1\boldsymbol{i} + a_2\boldsymbol{j} + a_3\boldsymbol{k}) \times b_1\boldsymbol{i} + (a_1\boldsymbol{i} + a_2\boldsymbol{j} + a_3\boldsymbol{k}) \times b_2\boldsymbol{j} + (a_1\boldsymbol{i} + a_2\boldsymbol{j} + a_3\boldsymbol{k}) \times b_3\boldsymbol{k} \\
&= a_1b_1\boldsymbol{i} \times \boldsymbol{i} + a_2b_1\boldsymbol{j} \times \boldsymbol{i} + a_3b_1\boldsymbol{k} \times \boldsymbol{i} \\
&\quad + a_1b_2\boldsymbol{i} \times \boldsymbol{j} + a_2b_2\boldsymbol{j} \times \boldsymbol{j} + a_3b_2\boldsymbol{k} \times \boldsymbol{j} \\
&\quad + a_1b_3\boldsymbol{i} \times \boldsymbol{k} + a_2b_3\boldsymbol{j} \times \boldsymbol{k} + a_3b_3\boldsymbol{k} \times \boldsymbol{k} \\
&= -a_2b_1\boldsymbol{i} \times \boldsymbol{j} + a_3b_1\boldsymbol{k} \times \boldsymbol{i} + a_1b_2\boldsymbol{i} \times \boldsymbol{j} - a_3b_2\boldsymbol{j} \times \boldsymbol{k} - a_1b_3\boldsymbol{k} \times \boldsymbol{i} + a_2b_3\boldsymbol{j} \times \boldsymbol{k} \\
&= (a_1b_2 - a_2b_1)\boldsymbol{i} \times \boldsymbol{j} + (a_2b_3 - a_3b_2)\boldsymbol{j} \times \boldsymbol{k} + (a_3b_1 - a_1b_3)\boldsymbol{k} \times \boldsymbol{i} \\
&= (a_2b_3 - a_3b_2)\boldsymbol{i} + (a_3b_1 - a_1b_3)\boldsymbol{j} + (a_1b_2 - a_2b_1)\boldsymbol{k}.
\end{aligned}
$$

例 1.3.1.

$$
\begin{aligned}
(\boldsymbol{i} + 3\boldsymbol{j} - 2\boldsymbol{k}) \times (\boldsymbol{i} + \boldsymbol{k}) &= \boldsymbol{i} \times \boldsymbol{i} + 3\boldsymbol{j} \times \boldsymbol{i} - 2\boldsymbol{k} \times \boldsymbol{i} + \boldsymbol{i} \times \boldsymbol{k} + 3\boldsymbol{j} \times \boldsymbol{k} - 2\boldsymbol{k} \times \boldsymbol{k} \\
&= -3\boldsymbol{i} \times \boldsymbol{j} - 2\boldsymbol{k} \times \boldsymbol{i} - \boldsymbol{k} \times \boldsymbol{i} + 3\boldsymbol{j} \times \boldsymbol{k} \\
&= -3\boldsymbol{k} - 2\boldsymbol{j} - \boldsymbol{j} + 3\boldsymbol{i} \\
&= 3\boldsymbol{i} - 3\boldsymbol{j} - 3\boldsymbol{k}
\end{aligned}
$$

成分で書けば

$$(1, 3, -2) \times (1, 0, 1) = (3, -3, -3).$$

1.3.5 外積と行列式

基本ベクトルは数字ではないが，無理矢理，行列の成分と思うと外積は行列式を使って次の様に表せる．

外積と行列

$\boldsymbol{a} = (a_1, a_2, a_3)$, $\boldsymbol{b} = (b_1, b_2, b_3)$ の外積 $\boldsymbol{a} \times \boldsymbol{b}$ を行列式を使って表すと，

$$
\begin{aligned}
\boldsymbol{a} \times \boldsymbol{b} &= \begin{vmatrix} a_2 & a_3 \\ b_2 & b_3 \end{vmatrix} \boldsymbol{i} - \begin{vmatrix} a_1 & a_3 \\ b_1 & b_3 \end{vmatrix} \boldsymbol{j} + \begin{vmatrix} a_1 & a_2 \\ b_1 & b_2 \end{vmatrix} \boldsymbol{k} \\
&= \begin{vmatrix} \boldsymbol{i} & \boldsymbol{j} & \boldsymbol{k} \\ a_1 & a_2 & a_3 \\ b_1 & b_2 & b_3 \end{vmatrix}.
\end{aligned}
$$

例 **1.3.2.**

$$
\begin{aligned}
(3\boldsymbol{i}+2\boldsymbol{j}-\boldsymbol{k})\times(\boldsymbol{i}-\boldsymbol{j}+\boldsymbol{k}) &= \begin{vmatrix} \boldsymbol{i} & \boldsymbol{j} & \boldsymbol{k} \\ 3 & 2 & -1 \\ 1 & -1 & 1 \end{vmatrix} \\
&= \begin{vmatrix} 2 & -1 \\ -1 & 1 \end{vmatrix}\boldsymbol{i} - \begin{vmatrix} 3 & -1 \\ 1 & 1 \end{vmatrix}\boldsymbol{j} + \begin{vmatrix} 3 & 2 \\ 1 & -1 \end{vmatrix}\boldsymbol{k} \\
&= \boldsymbol{i}-4\boldsymbol{j}-5\boldsymbol{k}
\end{aligned}
$$

1.3.6　外積と面積・体積

2 つの平面ベクトル $\boldsymbol{a}=(a_1,a_2)$, $\boldsymbol{b}=(b_1,b_2)$ を z 成分が 0 の空間ベクトルだと思う．つまり，$\boldsymbol{a}=(a_1,a_2,0)$, $\boldsymbol{b}=(b_1,b_2,0)$ と思う．このとき，外積 $\boldsymbol{a}\times\boldsymbol{b}$ を計算すると

$$
\boldsymbol{a}\times\boldsymbol{b}=(a_1,a_2,0)\times(b_1,b_2,0)=\begin{vmatrix} \boldsymbol{i} & \boldsymbol{j} & \boldsymbol{k} \\ a_1 & a_2 & 0 \\ b_1 & b_2 & 0 \end{vmatrix}=\begin{vmatrix} a_1 & a_2 \\ b_1 & b_2 \end{vmatrix}\boldsymbol{k}.
$$

このことから，$|\boldsymbol{a}\times\boldsymbol{b}|$ は $\boldsymbol{a}$ と $\boldsymbol{b}$ を隣り合う 2 辺とする平行四辺形の面積に，$\boldsymbol{a}\times\boldsymbol{b}$ の向きは $\boldsymbol{a}$ を $\boldsymbol{b}$ に重なる様に右ねじを回したときの進む方向になっている．

このことは，平面ベクトルだけでなく一般の 2 つの空間ベクトルについてもいえる．

今度は，3 つの空間ベクトル $\boldsymbol{a}=(a_1,a_2,a_3)$, $\boldsymbol{b}=(b_1,b_2,b_3)$, $\boldsymbol{c}=(c_1,c_2,c_3)$ が与えられたとき $(\boldsymbol{a}\times\boldsymbol{b})\cdot\boldsymbol{c}$ を考えると

$$
(\boldsymbol{a}\times\boldsymbol{b})\cdot\boldsymbol{c}=\begin{vmatrix} a_2 & a_3 \\ b_2 & b_3 \end{vmatrix}c_1-\begin{vmatrix} a_1 & a_3 \\ b_1 & b_3 \end{vmatrix}c_2+\begin{vmatrix} a_1 & a_2 \\ b_1 & b_2 \end{vmatrix}c_3=\begin{vmatrix} c_1 & c_2 & c_3 \\ a_1 & a_2 & a_3 \\ b_1 & b_2 & b_3 \end{vmatrix}
$$

となるので，$|(\boldsymbol{a}\times\boldsymbol{b})\cdot\boldsymbol{c}|$ は 3 つの空間ベクトル $\boldsymbol{a}$, $\boldsymbol{b}$, $\boldsymbol{c}$ を隣り合う 3 辺とする平行六面体の体積になっている．この図形的意味と符号を考えると

$$
(\boldsymbol{a}\times\boldsymbol{b})\cdot\boldsymbol{c}=(\boldsymbol{b}\times\boldsymbol{c})\cdot\boldsymbol{a}=(\boldsymbol{c}\times\boldsymbol{a})\cdot\boldsymbol{b}.
$$

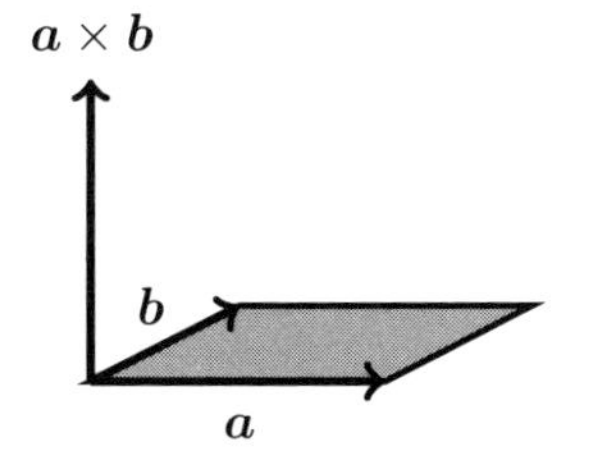

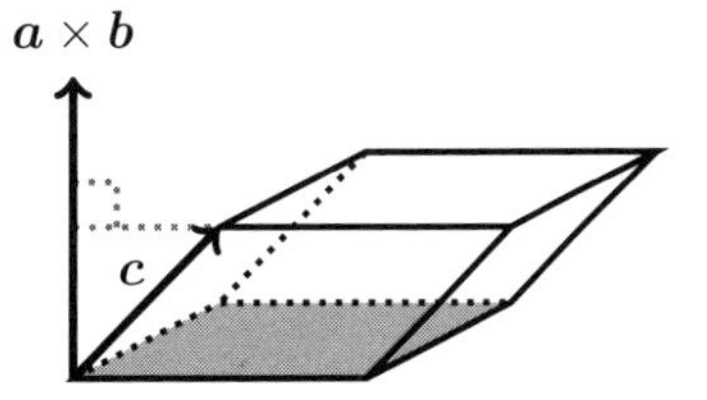

1.4 内積と外積の計算例

例 1.4.1. 平面上の 2 点 $A(-3,1)$, $B(5,2)$ について，$\overrightarrow{AB}$ の成分表示と大きさ $\left|\overrightarrow{AB}\right|$ を求めよ．

$$\begin{aligned}\overrightarrow{AB} &= (5,2)-(-3,1)=(8,1)\\ \left|\overrightarrow{AB}\right| &= \sqrt{8^2+1^2}=\sqrt{65}.\end{aligned}$$

注 1.4.1. 成分表示を求めるには終点の座標から始点の座標を引くことに注意する．

例 1.4.2. 空間内の 2 点 $A(0,2,1)$, $B(1,-1,2)$ について，$\overrightarrow{AB}$ の成分表示と大きさ $\left|\overrightarrow{AB}\right|$ を求めよ．

$$\begin{aligned}\overrightarrow{AB} &= (1,-1,2)-(0,2,1)=(1,-3,1)\\ \left|\overrightarrow{AB}\right| &= \sqrt{1^2+(-3)^2+1^2}=\sqrt{11}.\end{aligned}$$

例 1.4.3. 2 つの空間ベクトル $\boldsymbol{a}=(3,-2,1)$, $\boldsymbol{b}=(x,y,-3)$ が平行になるとき，x, y の値を求めよ．

平行であるので $k\boldsymbol{a}=\boldsymbol{b}$ となる 0 でない実数 k が存在する．

$k(3,-2,1)=(x,y,-3)$ となるので z 成分を見ると $k=-3$ となる．よって，

$$x=-3\cdot 3=-9,\ y=-3\cdot(-2)=6.$$

例 1.4.4. 2 つの空間ベクトル $\boldsymbol{a}=(3,1,4)$, $\boldsymbol{b}=(x+1,-2x,1)$ が垂直になるとき，x の値を求めよ．

垂直なので $\boldsymbol{a}\cdot\boldsymbol{b}=0$. よって，

$$\begin{aligned}\boldsymbol{a}\cdot\boldsymbol{b}=3\cdot(x+1)+1\cdot(-2x)+4\cdot 1&=0\\ 3x+3-2x+4&=0\\ x&=-7.\end{aligned}$$

例 1.4.5. 2 つの平面ベクトル $\boldsymbol{a} = (2, -1)$, $\boldsymbol{b} = (-1, 3)$ の内積となす角 θ を求めよ．

$$\boldsymbol{a} \cdot \boldsymbol{b} = 2 \cdot (-1) + (-1) \cdot 3 = -5.$$
$$|\boldsymbol{a}| = \sqrt{2^2 + (-1)^2} = \sqrt{5},\ |\boldsymbol{b}| = \sqrt{(-1)^2 + 3^2} = \sqrt{10}.$$

よって，

$$\begin{aligned} |\boldsymbol{a}||\boldsymbol{b}| \cos\theta &= \boldsymbol{a} \cdot \boldsymbol{b} \\ \sqrt{5} \cdot \sqrt{10} \cdot \cos\theta &= -5 \\ \cos\theta &= -\frac{1}{\sqrt{2}}. \end{aligned}$$

したがって，$0 \leqq \theta \leqq \pi$ の範囲で θ を求めると $\theta = \dfrac{3}{4}\pi$.

例 1.4.6. 2 つの空間ベクトル $\boldsymbol{a} = (1, 0, -1)$, $\boldsymbol{b} = (1, -2, -2)$ の内積となす角 θ を求めよ．

$$\boldsymbol{a} \cdot \boldsymbol{b} = 1 \cdot 1 + 0 \cdot (-2) + (-1) \cdot (-2) = 3.$$
$$|\boldsymbol{a}| = \sqrt{1^2 + 0^2 + (-1)^2} = \sqrt{2},\ |\boldsymbol{b}| = \sqrt{1^2 + (-2)^2 + (-2)^2} = 3.$$

よって，

$$\begin{aligned} |\boldsymbol{a}||\boldsymbol{b}| \cos\theta &= \boldsymbol{a} \cdot \boldsymbol{b} \\ \sqrt{2} \cdot 3 \cdot \cos\theta &= 3 \\ \cos\theta &= \frac{1}{\sqrt{2}}. \end{aligned}$$

したがって，$0 \leqq \theta \leqq \pi$ の範囲で θ を求めると $\theta = \dfrac{\pi}{4}$.

例 1.4.7. 2 つの空間ベクトル $\boldsymbol{a} = (1, 0, -1)$, $\boldsymbol{b} = (0, 1, 1)$ の両方に垂直で，大きさが $\sqrt{3}$ のベクトルを求めよ．

$\boldsymbol{a}$ と $\boldsymbol{b}$ の外積 $\boldsymbol{a} \times \boldsymbol{b}$ は $\boldsymbol{a}$ と $\boldsymbol{b}$ に垂直になるので，先ずは外積を求めると

$$\boldsymbol{a} \times \boldsymbol{b} = \begin{vmatrix} \boldsymbol{i} & \boldsymbol{j} & \boldsymbol{k} \\ 1 & 0 & -1 \\ 0 & 1 & 1 \end{vmatrix} = \left(\begin{vmatrix} 0 & -1 \\ 1 & 1 \end{vmatrix}, -\begin{vmatrix} 1 & -1 \\ 0 & 1 \end{vmatrix}, \begin{vmatrix} 1 & 0 \\ 0 & 1 \end{vmatrix} \right) = (1, -1, 1).$$

ちょうど $|\boldsymbol{a} \times \boldsymbol{b}| = \sqrt{1^2 + (-1)^2 + 1^2} = \sqrt{3}$ となるので，求めるベクトルは $(1, -1, 1)$ とその逆ベクトル $(-1, 1, -1)$ の 2 つである．

1.5 平面内の直線の方程式

この節では，平面内の直線をベクトルを使って考察する．

直線があったとき，その直線と平行なベクトルを方向ベクトル，垂直なベクトルを法線ベクトルという．

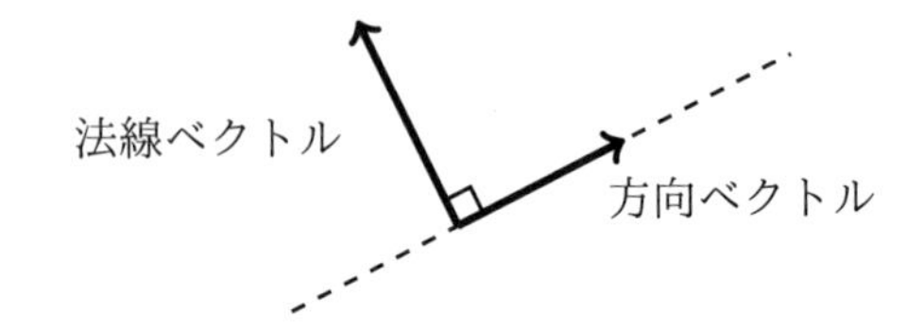

1.5.1 方向ベクトルによる平面上の直線の方程式

点 (a, b) を通る方向ベクトルが $\overrightarrow{d} = (\alpha, \beta)$ の直線上の任意の点の座標を (x, y) とすると直線の媒介変数表示は

$$(x, y) = (a, b) + s(\alpha, \beta) = (a + s\alpha, b + s\beta).$$

$\alpha \neq 0$ ならば第 1 成分から

$$\begin{aligned} x &= a + s\alpha \\ x - a &= s\alpha \\ s &= \frac{x - a}{\alpha} \end{aligned}$$

と変形できるので媒介変数である s を第 2 成分から消去すると直線の方程式

$$\begin{aligned} y &= b + \frac{x - a}{\alpha} \cdot \beta \\ y &= \frac{\beta}{\alpha} \cdot (x - a) + b \end{aligned}$$

を得る．

特に，傾きが β の直線の方向ベクトルとして $(1, \beta)$ がとれるので，点 (a, b) を通る傾きが β の直線の媒介変数表示は

$$(x, y) = (a, b) + s(1, \beta) = (a + s, b + s\beta).$$

第 1 成分から $s = x - a$ となるので，これを第 2 成分に代入すると

$$y = \beta(x - a) + b.$$

注 1.5.1. $\alpha \neq 0$ と仮定しなくても，媒介変数表示から $s\alpha = x - a$, $s\beta = y - b$ となるので，$s\alpha\beta$ を計算すると直線の方程式

$$\alpha(y-b) = \beta(x-a)$$

を得る．

例 1.5.1. 点 $(-1,1)$ を通り，方向ベクトルが $(1,2)$ の直線の媒介変数表示と方程式を求めよ．

直線上の点の座標を (x,y) とすると媒介変数表示は

$$(x,y) = (-1,1) + s(1,2) = (-1+s, 1+2s)$$

となる．第 1 成分から $s = x+1$ となる．媒介変数である s を第 2 成分から消去すると，直線の方程式 $y = 1 + 2(x+1) = 2x+3$ を得る．

1.5.2 法線ベクトルによる平面上の直線の方程式

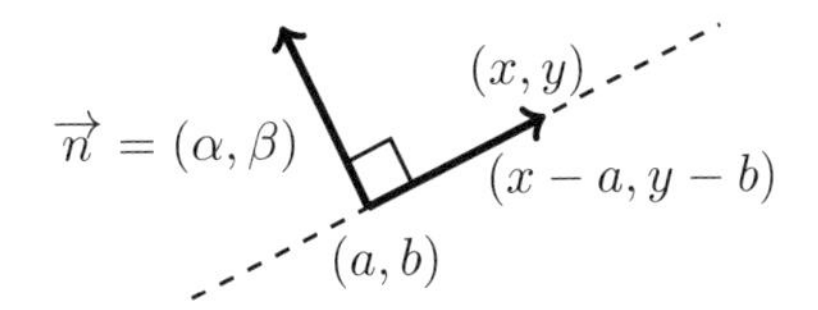

点 (a,b) を通り，$\overrightarrow{n} = (\alpha,\beta)$ に垂直な直線上の任意の点の座標を (x,y) とする．$(x-a, y-b)$ と $\overrightarrow{n} = (\alpha,\beta)$ が直交するので内積が 0 になる．よって，求める直線の方程式は

$$\alpha(x-a) + \beta(y-b) = 0.$$

特に，傾きが β の直線の方向ベクトルとして $(1,\beta)$ がとれる．したがって，法線ベクトルの 1 つとして $(\beta,-1)$ がとれる．実際，内積を計算すると

$$(1,\beta)\cdot(\beta,-1) = 1\cdot\beta + \beta\cdot(-1) = \beta - \beta = 0.$$

したがって，点 (a,b) を通る傾きが β の直線の方程式は

$$\begin{aligned} \beta(x-a) - 1\cdot(y-b) &= 0 \\ y &= \beta(x-a) + b. \end{aligned}$$

例 1.5.2. 点 $(-1,2)$ を通り，法線ベクトルが $(2,-3)$ の直線の方程式を求めよ．

直線上の点の座標を (x,y) とすると，$(x-(-1), y-2) = (x+1, y-2)$ と $(2,-3)$ が直交するので，求める直線の方程式は

$$\begin{aligned} 2(x+1) - 3(y-2) &= 0 \\ 2x - 3y + 8 &= 0. \end{aligned}$$

1.6 空間内の直線・平面の方程式

この節では，空間内の直線と平面の方程式について説明する．

1.6.1 方向ベクトルによる空間内の直線の方程式

点 (a,b,c) を通る方向ベクトルが $\overrightarrow{d}=(\alpha,\beta,\gamma)$ の直線上の任意の点の座標を (x,y,z) とすると，直線の媒介変数表示は

$$(x,y,z)=(a,b,c)+s(\alpha,\beta,\gamma)=(a+s\alpha,b+s\beta,c+s\gamma).$$

ここで，α, β, γ が 0 でないと仮定する．それぞれの成分を s について解くと，

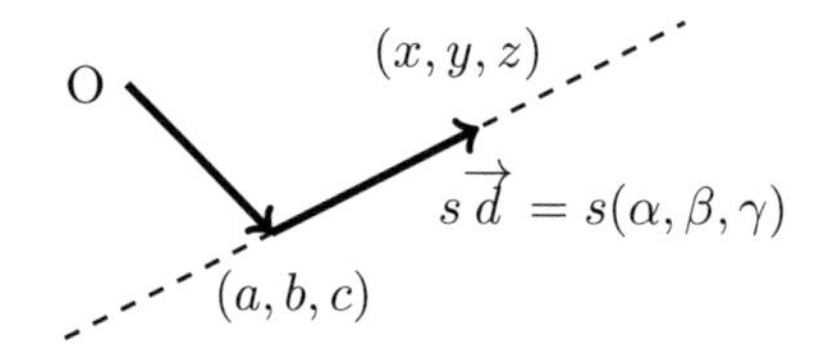

$$s=\frac{x-a}{\alpha},\quad s=\frac{y-b}{\beta},\quad s=\frac{z-c}{\gamma}.$$

s を消去すると直線の方程式

$$\frac{x-a}{\alpha}=\frac{y-b}{\beta}=\frac{z-c}{\gamma}$$

を得る．

直線は 1 次元の物体であるので，3 次元からは次元が 2 つ下がっている．したがって，方程式が 2 つ必要である．

例 1.6.1. 点 $(-1,1,0)$ を通り，方向ベクトルが $(1,2,3)$ の直線の媒介変数表示と方程式を求めよ．

直線上の点の座標を (x,y,z) とすると媒介変数表示は

$$(x,y,z)=(-1,1,0)+s(1,2,3)=(-1+s,1+2s,3s)$$

となる．各成分は

$$s=x+1,\ s=\frac{y-1}{2},\ s=\frac{z}{3}$$

と変形できる．媒介変数である s を消去すると，直線の方程式

$$x+1=\frac{y-1}{2}=\frac{z}{3}$$

を得る．

1.6.2　空間内の x 軸方向の傾きが α，y 軸方向の傾きが β の平面の方程式

x-z 平面内の傾き α の直線の方向ベクトルとして $(1,0,\alpha)$，同様に y-z 平面内の傾き β の直線の方向ベクトルとして $(0,1,\beta)$ がとれる．

点 (a,b,c) を通る x 軸方向の傾きが α，y 軸方向の傾きが β の平面の媒介変数表示は

$$(x,y,z)=(a,b,c)+s(1,0,\alpha)+t(0,1,\beta)=(a+s,b+t,c+s\alpha+t\beta).$$

第 1, 2 成分から $s=x-a$, $t=y-b$ となる．これらを第 3 成分に代入して媒介変数である s, t を消去すれば，求める平面の方程式

$$z=\alpha(x-a)+\beta(y-b)+c$$

を得る．

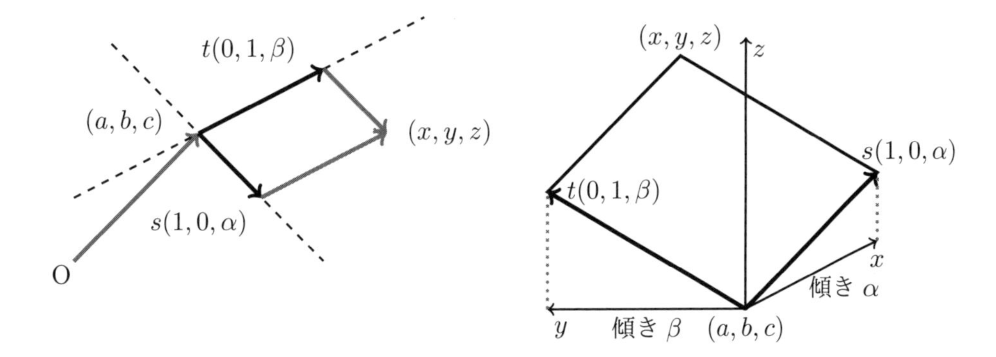

平行でない 2 つのベクトルによって張られる平面についても同様にできる．

1.6.3　法線ベクトルによる空間内の平面の方程式

ベクトル $\boldsymbol{n}$ が平面 H に垂直であるとは，平面に含まれる任意のベクトルに垂直であることをいう．

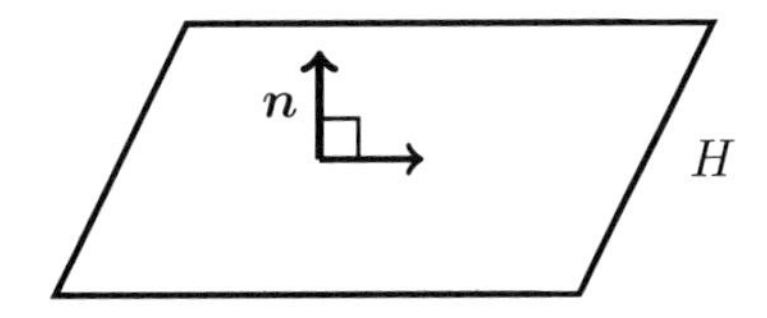

点 (a,b,c) を通り，$\overrightarrow{n}=(\alpha,\beta,\gamma)$ に垂直な平面上の任意の点の座標を (x,y,z) とする．

$(x-a,y-b,z-c)$ と $\overrightarrow{n}=(\alpha,\beta,\gamma)$ が直交するので内積が 0 になる．よって，平面の方程式は

$$\alpha(x-a)+\beta(y-b)+\gamma(z-c)=0.$$

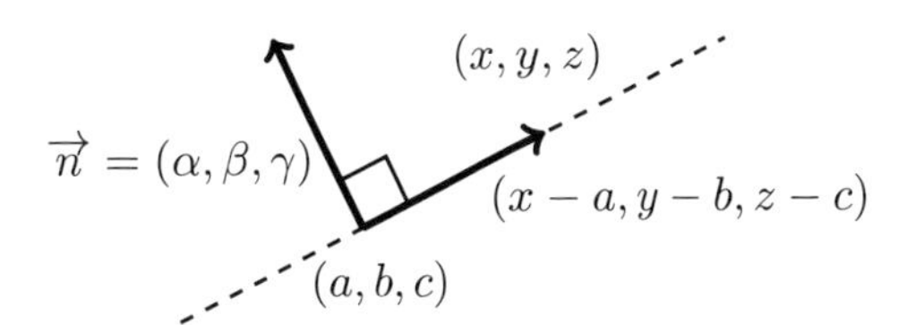

特に，x 軸方向の傾きが α，y 軸方向の傾きが β の平面の方程式を考えると次の様になる．

x-z 平面内の傾き α の直線の方向ベクトルとして $(1,0,\alpha)$，y-z 平面内の傾き β の直線の方向ベクトルとして $(0,1,\beta)$ がとれた．この 2 つのベクトルの外積が平面の法線ベクトルになるので，外積を計算すると

$$(1,0,\alpha)\times(0,1,\beta)=\left(\begin{vmatrix}0 & \alpha\\ 1 & \beta\end{vmatrix}, -\begin{vmatrix}1 & \alpha\\ 0 & \beta\end{vmatrix}, \begin{vmatrix}1 & 0\\ 0 & 1\end{vmatrix}\right)=(-\alpha,-\beta,1).$$

よって，点 (a,b,c) を通る x 軸方向の傾きが α，y 軸方向の傾きが β の平面の方程式は

$$\begin{aligned}-\alpha(x-a)-\beta(y-b)+1\cdot(z-c)=0\\ z=\alpha(x-a)+\beta(y-b)+c.\end{aligned}$$

例 **1.6.2.** 3 点 $A(3,1,1)$, $B(1,-1,-1)$, $C(1,2,3)$ を通る平面の方程式を求めよ．

先ずは媒介変数表示を使って求める．

$\overrightarrow{AB}=(-2,-2,-2)$, $\overrightarrow{AC}=(-2,1,2)$ となるので，平面の媒介変数表示は

$$(x,y,z)=(3,1,1)+s(-2,-2,-2)+t(-2,1,2)=(3-2s-2t,1-2s+t,1-2s+2t).$$

第 1, 3 成分を足せば，$s=\dfrac{-x-z+4}{4}$，今度は引けば，$t=\dfrac{-x+z+2}{4}$.

媒介変数である s,t を消去するために，これらを第 2 成分に代入すれば求める平面の方程式を得る．

$$\begin{aligned}y&=1-2\left(\frac{-x-z+4}{4}\right)+\left(\frac{-x+z+2}{4}\right)\\ 4y&=4-2(-x-z+4)+(-x+z+2)\\ x-4y+3z&=2\end{aligned}$$

今度は外積を使って求める．

$$\begin{aligned}\overrightarrow{AB}\times\overrightarrow{AC}&=(-2,-2,-2)\times(-2,1,2)\\ &=\left(\begin{vmatrix}-2 & -2\\ 1 & 2\end{vmatrix}, -\begin{vmatrix}-2 & -2\\ -2 & 2\end{vmatrix}, \begin{vmatrix}-2 & -2\\ -2 & 1\end{vmatrix}\right)=(-2,8,-6)\end{aligned}$$

となるので，平面の方程式は

$$\begin{aligned}-2(x-3)+8(y-1)-6(z-1)=0\\ (x-3)-4(y-1)+3(z-1)=0\\ x-4y+3z-2=0.\end{aligned}$$

1.6.4 2 つの平面の間の角

2 つの平面 H_1, H_2 の法線ベクトルのなす角を 2 つの平面のなす角として定義する．平面に対して，法線ベクトルの向きは 2 つ考えられるので，法線ベクトルの選び方によってなす角の大きさは 2 通りあるが，その小さいほうを選ぶのが普通である．つまり，角 θ の大きさは $0 \leqq \theta \leqq \dfrac{\pi}{2}$ である．また，2 つの平面のなす角が直角のとき，この 2 つの平面は垂直であるという．

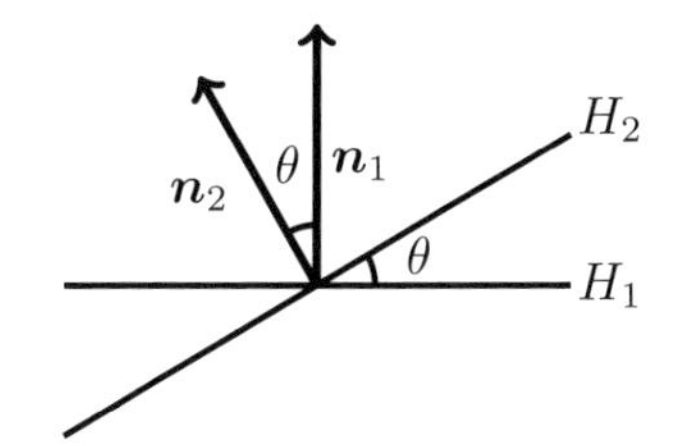

例 1.6.3. 2 つの平面 $H_1 : 2x + y + 3z = 0$ と $H_2 : 3x - 2y + z = 1$ の間の角を求めよ．

平面 H_1 の法線ベクトルとして $\boldsymbol{n}_1 = (2, 1, 3)$ を，平面 H_2 の法線ベクトルとして $\boldsymbol{n}_2 = (3, -2, 1)$ をとってきて，この 2 つのベクトルの間の角 θ を求めればよい．

$$\cos\theta = \frac{\boldsymbol{n}_1 \cdot \boldsymbol{n}_2}{|\boldsymbol{n}_1||\boldsymbol{n}_2|} = \frac{2 \cdot 3 + 1 \cdot (-2) + 3 \cdot 1}{\sqrt{2^2 + 1^2 + 3^2} \cdot \sqrt{3^2 + (-2)^2 + 1^2}} = \frac{7}{14} = \frac{1}{2}$$

となるので $\theta = \dfrac{\pi}{3}$

例 1.6.4. 2 つの平面 $H_1 : x - 2y - z = 0$ と $H_2 : x + y + 2z = 1$ の間の角を求めよ．

平面 H_1 の法線ベクトルとして $\boldsymbol{n}_1 = (-1, 2, 1)$ を，平面 H_2 の法線ベクトルとして $\boldsymbol{n}_2 = (1, 1, 2)$ をとってきて，この 2 つのベクトルの間の角 θ を求めればよい．

$$\cos\theta = \frac{\boldsymbol{n}_1 \cdot \boldsymbol{n}_2}{|\boldsymbol{n}_1||\boldsymbol{n}_2|} = \frac{-1 \cdot 1 + 2 \cdot 1 + 1 \cdot 2}{\sqrt{(-1)^2 + 2^2 + 1^2} \cdot \sqrt{1^2 + 1^2 + 2^2}} = \frac{3}{6} = \frac{1}{2}$$

となるので $\theta = \dfrac{\pi}{3}$

注 1.6.1. 平面 H_1 の法線ベクトル $\boldsymbol{n}_1$ として $(1, -2, -1)$ をとってくると $\cos\theta$ の値が負になるので，ここではその逆ベクトルである $(-1, 2, 1)$ を選んだ．また，$\cos\theta = \dfrac{|\boldsymbol{n}_1 \cdot \boldsymbol{n}_2|}{|\boldsymbol{n}_1||\boldsymbol{n}_2|}$ となる θ を求めてもよい．

1.7 直線と平面の方程式の計算例

例 1.7.1. 点 $(2,5)$ を通り，方向ベクトルが $(2,-1)$ の直線の媒介変数表示と方程式を求めよ．

直線上の点の座標を (x,y) とすると媒介変数表示は

$$(x,y)=(2,5)+s(2,-1)=(2+2s,5-s)$$

となる．よって，求める直線の方程式は

$$y=5-\left(\frac{x-2}{2}\right)=-\frac{x}{2}+6.$$

例 1.7.2. 点 $(2,-1)$ を通り，法線ベクトルが $(2,5)$ の直線の方程式を求めよ．

直線上の点の座標を (x,y) とすると，$(x-2,y-(-1))=(x-2,y+1)$ と $(2,5)$ が直交するので，求める直線の方程式は

$$\begin{aligned}2(x-2)+5(y+1)&=0\\2x+5y+1&=0.\end{aligned}$$

例 1.7.3. 2 点 $A(1,2,0)$, $B(3,4,1)$ を通る直線の媒介変数表示と方程式を求めよ．

$\overrightarrow{AB}=(3,4,1)-(1,2,0)=(2,2,1)$ が求める直線の方向ベクトルである．直線上の点の座標を (x,y,z) とすると媒介変数表示は

$$(x,y,z)=(1,2,0)+s(2,2,1)=(1+2s,2+2s,s)$$

となる．よって，求める直線の方程式は

$$\frac{x-1}{2}=\frac{y-2}{2}=z.$$

例 1.7.4. x 軸に平行で点 $A(3,4,5)$ を通る直線の媒介変数表示と方程式を求めよ．

x 軸の方向ベクトルとして $(1,0,0)$ がとれる．直線上の点の座標を (x,y,z) とすると媒介変数表示は

$$(x,y,z)=(3,4,5)+s(1,0,0)=(3+s,4,5)$$

となる．よって，求める直線の方程式は

$$y=4,\ z=5.$$

例 1.7.5. 点 $(2,-1,2)$ を通り，法線ベクトルが $(1,3,2)$ の平面の方程式を求めよ．

平面上の点の座標を (x,y,z) とすると，$(x-2,y-(-1),z-2)=(x-2,y+1,z-2)$ と $(1,3,2)$ が直交するので，求める平面の方程式は

$$\begin{aligned}1\cdot(x-2)+3\cdot(y+1)+2\cdot(z-2)&=0\\x+3y+2z&=3.\end{aligned}$$

例 **1.7.6.** 2 点 $A(1,2,3)$, $B(3,4,5)$ の垂直二等分面の方程式を求めよ．

$\overrightarrow{AB}=(3,4,5)-(1,2,3)=(2,2,2)$ が求める平面の法線ベクトルであり，点 A と点 B の中点 $\left(\dfrac{1+3}{2},\dfrac{2+4}{2},\dfrac{3+5}{2}\right)=(2,3,4)$ は求める平面上の点なので，求める平面の方程式は

$$\begin{aligned}2\cdot(x-2)+2\cdot(y-3)+2\cdot(z-4)&=0\\ x+y+z&=9.\end{aligned}$$

例 **1.7.7.** 3 点 $A(-1,1,1)$, $B(1,0,1)$, $C(0,1,-1)$ を通る平面の方程式を求めよ．

先ずは媒介変数表示を使って求める．

$$\begin{aligned}\overrightarrow{AB}&=(1,0,1)-(-1,1,1)=(2,-1,0),\\ \overrightarrow{AC}&=(0,1,-1)-(-1,1,1)=(1,0,-2)\end{aligned}$$

となるので，平面の媒介変数表示は

$$(x,y,z)=(-1,1,1)+s(2,-1,0)+t(1,0,-2)=(-1+2s+t,1-s,1-2t).$$

第 2, 3 成分から $s=1-y$, $t=\dfrac{1-z}{2}$．媒介変数である s, t を消去するために，これらを第 1 成分に代入すれば求める平面の方程式を得る．

$$\begin{aligned}x&=-1+2(1-y)+\left(\frac{1-z}{2}\right)\\ 2x&=-2+4(1-y)+(1-z)\\ 2x+4y+z=3\end{aligned}$$

今度は外積を使って求める．

$$\begin{aligned}\overrightarrow{AB}\times\overrightarrow{AC}&=(2,-1,0)\times(1,0,-2)\\ &=\left(\begin{vmatrix}-1&0\\0&-2\end{vmatrix},-\begin{vmatrix}2&0\\1&-2\end{vmatrix},\begin{vmatrix}2&-1\\1&0\end{vmatrix}\right)=(2,4,1)\end{aligned}$$

となるので，求める平面の方程式は

$$\begin{aligned}2\cdot(x+1)+4\cdot(y-1)+1\cdot(z-1)&=0\\ 2x+4y+z&=3.\end{aligned}$$

1.8 距離の問題

点・直線・平面間の距離を求めるのに射影の公式

$$\mathrm{proj}_{\boldsymbol{a}}\boldsymbol{b} = \frac{|\boldsymbol{a}||\boldsymbol{b}|\cos\theta}{|\boldsymbol{a}|} \cdot \frac{\boldsymbol{a}}{|\boldsymbol{a}|} = \left(\frac{\boldsymbol{a}\cdot\boldsymbol{b}}{\boldsymbol{a}\cdot\boldsymbol{a}}\right)\boldsymbol{a}$$

がとても便利である．

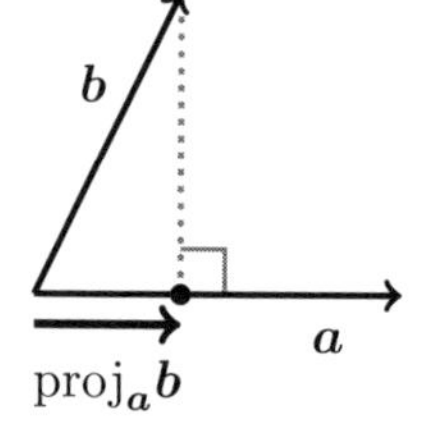

ここで，2つの図形 S_1，S_2 の間の距離とは，S_1 上の点 p_1 と S_2 上の点 p_2 の距離の最小値をいう．また，一般的な公式を求めるのは煩雑になるので，この節では例を見ていく．

例 1.8.1. (点と直線の距離) 点 $P(2,1,3)$ と直線 $l:(x,y,z)=(2,3,-2)+t(-1,1,-2)$ との距離を求めよ．

直線 l の媒介変数表示より，この直線は点 $B(2,3,-2)$ を通り，$\boldsymbol{a}=(-1,1,-2)$ が方向ベクトルとなる直線であることがわかる．

ここで，点 P から直線 l に下した垂線の足を点 H を置くと，

$$\overrightarrow{HP} = \overrightarrow{BP} - \overrightarrow{BH} = \overrightarrow{BP} - \mathrm{proj}_{\boldsymbol{a}}\overrightarrow{BP}$$

となる．

$$\begin{aligned}\overrightarrow{BP} &= (2,1,3)-(2,3,-2) = (0,-2,5),\\ \mathrm{proj}_{\boldsymbol{a}}\overrightarrow{BP} &= \left(\frac{\boldsymbol{a}\cdot\overrightarrow{BP}}{\boldsymbol{a}\cdot\boldsymbol{a}}\right)\boldsymbol{a}\\ &= \left(\frac{(-1,1,-2)\cdot(0,-2,5)}{(-1,1,-2)\cdot(-1,1,-2)}\right)(-1,1,-2) = (2,-2,4)\end{aligned}$$

より，求める距離は

$$\begin{aligned}\left|\overrightarrow{HP}\right| &= \left|\overrightarrow{BP} - \mathrm{proj}_{\boldsymbol{a}}\overrightarrow{BP}\right|\\ &= |(0,-2,5)-(2,-2,4)|\\ &= |(-2,0,1)|\\ &= \sqrt{(-2)^2+0^2+1^2} = \sqrt{5}.\end{aligned}$$

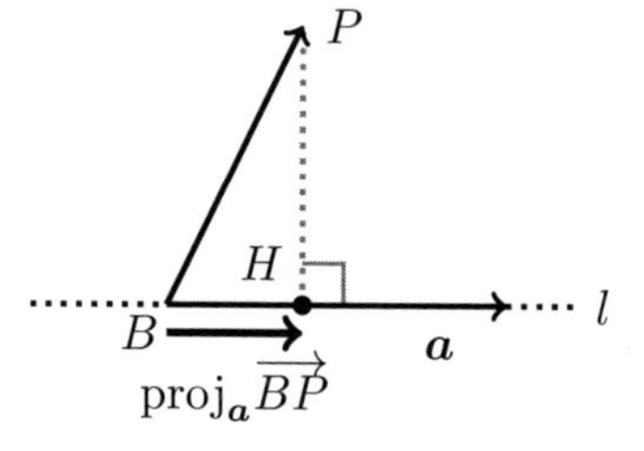

例 1.8.2. (点と平面) 点 $P(1,2,3)$ と平面 $2x+3y+6z=-2$ との距離を求めよ.

平面の法線ベクトルの 1 つとして $\boldsymbol{n}=(2,3,6)$ がとれる. また, 点 $B(-1,0,0)$ は平面上の点である. このとき, 点と直線の距離のときと同様に, 点 P から平面へ下した垂線の足を H とすると $\overrightarrow{HP}=\mathrm{proj}_{\boldsymbol{n}}\overrightarrow{BP}$ となる.

$$
\begin{aligned}
\overrightarrow{BP} &= (1,2,3)-(-1,0,0)=(2,2,3),\\
\mathrm{proj}_{\boldsymbol{n}}\overrightarrow{BP} &= \left(\frac{\boldsymbol{n}\cdot\overrightarrow{BP}}{\boldsymbol{n}\cdot\boldsymbol{n}}\right)\boldsymbol{n}\\
&= \left(\frac{(2,3,6)\cdot(2,2,3)}{(2,3,6)\cdot(2,3,6)}\right)(2,3,6)\\
&= \frac{4}{7}(2,3,6)
\end{aligned}
$$

P
n
B
H

より, 求める距離は

$$
\left|\overrightarrow{HP}\right| = \left|\frac{4}{7}(2,3,6)\right| = \frac{4}{7}\sqrt{2^2+3^2+6^2}=4.
$$

例 1.8.3. (平行な 2 つの平面の距離) 2 つの平行な平面 $H_1: 2x-2y+z=5$, $H_2: 2x-2y+z=20$ の距離を求めよ

法線ベクトルがともに $\boldsymbol{n}=(2,-2,1)$ なので平行であることに注意する. H_1 上の点 $P_1(0,0,5)$ と H_2 上の点 $P_2(0,0,20)$ をとってくると

$$
\begin{aligned}
\overrightarrow{P_1P_2} &= (0,0,20)-(0,0,5)=(0,0,15),\\
\mathrm{proj}_{\boldsymbol{n}}\overrightarrow{P_1P_2} &= \left(\frac{\boldsymbol{n}\cdot\overrightarrow{P_1P_2}}{\boldsymbol{n}\cdot\boldsymbol{n}}\right)\boldsymbol{n}\\
&= \left(\frac{(2,-2,1)\cdot(0,0,15)}{(2,-2,1)\cdot(2,-2,1)}\right)(2,-2,1)\\
&= \frac{5}{3}(2,-2,1)
\end{aligned}
$$

P_2
H_2
$\boldsymbol{n}$
P_1
H_1

より, 求める距離は

$$
\left|\mathrm{proj}_{\boldsymbol{n}}\overrightarrow{P_1P_2}\right| = \left|\frac{5}{3}(2,-2,1)\right| = \frac{5}{3}\sqrt{2^2+(-2)^2+1^2}=5.
$$

例 1.8.4. (ねじれの位置にある 2 直線の距離) ねじれの位置にある 2 つの直線 $l_1:(x,y,z)=(0,5,-1)+t(2,1,3)$, $l_2:(x,y,z)=(-1,2,0)+t(1,-1,0)$ の距離を求めよ.

l_1 上の点として $P_1(0,5,-1)$, l_2 上の点として $P_2(-1,2,0)$ がとれ,

$$\overrightarrow{P_1P_2}=(-1,2,0)-(0,5,-1)=(-1,-3,1).$$

また, 2 つの直線の方向ベクトルの外積 $\boldsymbol{n}$ は 2 つの直線に垂直になる.

平面 H_1, H_2 をそれぞれ, 直線 l_1, l_2 を含む法線ベクトルが $\boldsymbol{n}$ である平面とすると, この 2 つの平面の距離が 2 つの直線の距離になるので

$$\begin{aligned}\boldsymbol{n}&=(2,1,3)\times(1,-1,0)\\&=\left(\begin{vmatrix}1&3\\-1&0\end{vmatrix},-\begin{vmatrix}2&3\\1&0\end{vmatrix},\begin{vmatrix}2&1\\1&-1\end{vmatrix}\right)\\&=(3,3,-3).\\\mathrm{proj}_{\boldsymbol{n}}\overrightarrow{P_1P_2}&=\left(\frac{\boldsymbol{n}\cdot\overrightarrow{P_1P_2}}{\boldsymbol{n}\cdot\boldsymbol{n}}\right)\boldsymbol{n}\\&=\left(\frac{(3,3,-3)\cdot(-1,-3,1)}{(3,3,-3)\cdot(3,3,-3)}\right)(3,3,-3)\\&=-\frac{5}{3}(1,1,-1).\end{aligned}$$

より, 求める距離は

$$\left|\mathrm{proj}_{\boldsymbol{n}}\overrightarrow{P_1P_2}\right|=\frac{5}{3}\sqrt{1^2+1^2+(-1)^2}=\frac{5}{3}\sqrt{3}.$$

第 2 章

2 変数の関数

2.1　平面内の集合

2.1.1　集合

ある条件を満たすもの全体の集まりを集合という．ただし，ここでいう条件とは数学的に満たすかどうか判別できるものでなくてはいけない．「大きい数の全体」というのは集合ではなく、「100 より大きい数の全体」は集合である．これは，人や状況によって「大きい数」という基準が変わってくるが，「100 より大きい数」という基準は誰にとっても同じ基準であるからである．

集合をつくっている個々のものを，その集合の元または要素といい，a が集合 A の元であることを元 a は集合 A に属するといい，$a \in A$ で表す．また，b が集合 A に属さないことを $b \notin A$ で表す．元を持たない集合を空集合といい，記号 ϕ で表す．

集合 A の全ての元が集合 B の元になっているとき A を B の部分集合といい，$A \subset B$ で表す．このとき，A は B に含まれる，または B は A を含むという．特に集合 A は A 自身と空集合 ϕ を含む．

$A \subset B$ かつ $B \subset A$ ならば，つまり，A と B の要素がすべて一致するならば，集合 A, B は等しいといい，$A = B$ で表す．

集合 A, B の両方に属する元全体の集合を A と B の共通部分といい，$A \cap B$ で表す．

集合 A, B の少なくとも一方に属する元全体の集合を A と B の和集合といい，$A \cup B$ で表す．

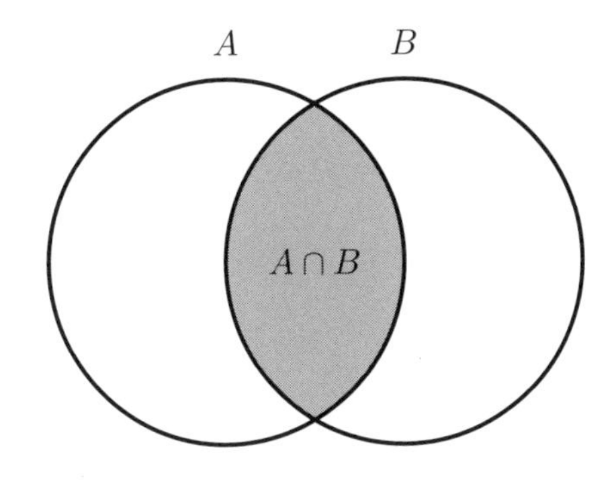

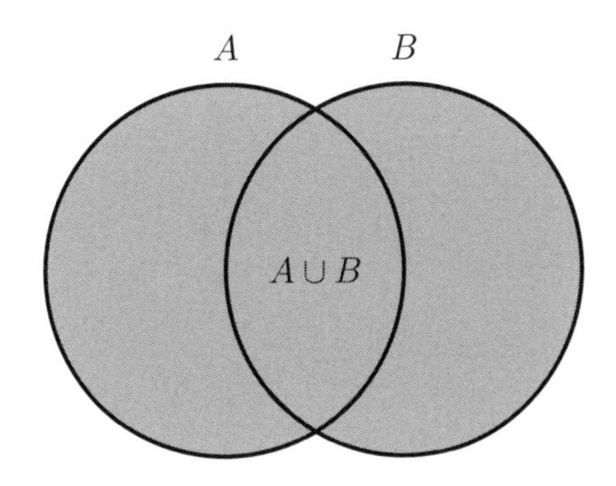

集合を考えるときは，あらかじめ 1 つの集合 U を定め，その部分集合について考えることが多い．このとき，U を全体集合という．全体集合 U の部分集合 A に対して，U の元で A に属さない元全体の集合を A の補集合といい，A^c で表す．

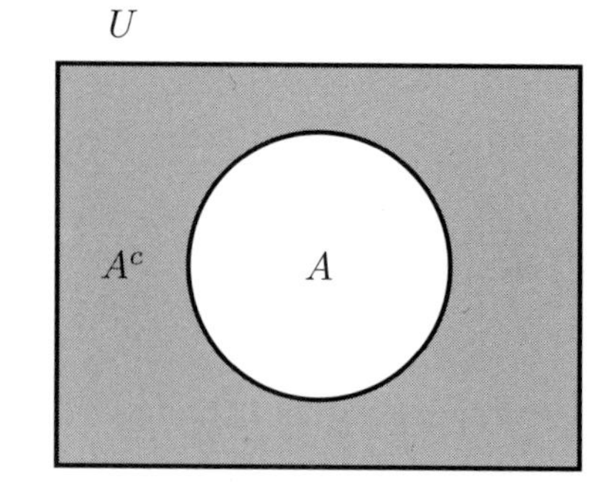

2.1.2 円板と区画

1 変数関数の微分積分を考えるとき，開区間 (a,b) や閉区間 $[a,b]$ を使って考えた．これらに対応する x-y 平面内の集合は 2 種類のものがある．1 つは円板で，もう 1 つは区画である．

中心が点 (a,b) で半径 r の開円板 $D_r(a,b)$ とは

$$D_r(a,b) = \{(x,y) : (x-a)^2 + (y-b)^2 < r^2\}$$

という集合である．つまり，中心が点 (a,b) で半径 r の円の内部である．

同様に中心が点 (a,b) で半径 r の閉円板 $\overline{D_r(a,b)}$ を $\{(x,y) : (x-a)^2 + (y-b)^2 \leqq r^2\}$ と定義する．つまり，中心が点 (a,b) で半径 r の円の内部と境界からなる集合である．

次に区画を定義する．ここで $a<b,\ c<d$ と仮定するとき，開区画 $(a,b)\times(c,d)$ とは

$$\{(x,y) : a < x < b,\ c < y < d\}$$

という集合である．つまり，辺が軸に平行な長方形の内部である．

同様に閉区画 $[a,b]\times[c,d]$ とは $\{(x,y) : a \leqq x \leqq b,\ c \leqq y \leqq d\}$ と定義する．つまり，辺が軸に平行な長方形の内部と境界からなる集合である．

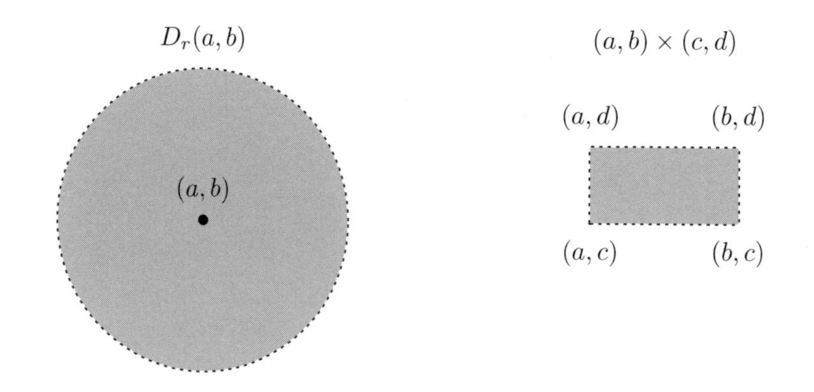

2.1.3　集合の内部・外部・境界

既に，円板と区画を説明するときに「内部」・「境界」という言葉を使ったが，ここで，きちんと定義しておく．

点 (a,b) が平面内の集合 E の内点であるとは，十分小さな $r>0$ をとってきたとき，点 (a,b) を中心とする半径 r の開円板が E に含まれることをいう．つまり，

$$D_r(a,b) \subset E$$

となる r が存在するとき，点 (a,b) は E の内点であるという．

E の内点を全て集めた集合を E の内部といい，E^i で，E の補集合 E^c の内部を E の外部といい，E^e で表す．また，外部の点を外点という．

点 (a,b) が集合 E の境界点であるとは，どんなに小さな $r>0$ をとってきても点 (a,b) を中心とする半径 r の開円板 $D_r(a,b)$ に E の点も E の補集合 E^c の点も両方ともに含むことをいう．そして，E の境界点を全て集めた集合を E の境界といい，∂E で表す．

集合 E が開集合であるとは，E 内の全ての点が E の内点であることをいう．つまり，集合 E が開集合とは E の内部と E が等しいこと，$E=E^i$ となることをいう．別の言い方をすれば，E が境界点を含まないとき，開集合という．

集合 E が閉集合であるとは，E の補集合が開集合であることをいう．別の言い方をすれば，E が境界点を全て含むとき，閉集合という．

開円板と開区画は開集合，閉円板と閉区画は閉集合になっている．直線や 2 次関数のグラフなどは内点を含まず，全ての点が境界点なので閉集合になる．

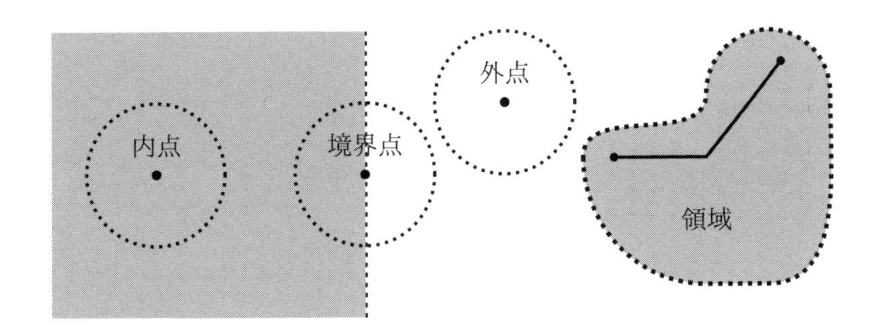

2.1.4　領域

平面内の集合 E が連結であるとは E の任意の 2 点が折れ線で結べることをいう．そして，連結な開集合を開領域または単に領域という．また，連結な閉集合を閉領域という．

開円板と開区画は開領域，閉円板と閉区画は閉領域になっている．

2.2　関数・写像

2.2.1　関数

中学のときに関数については次の様に習っていた．

「2 つの変数 x, y があって，x の値を定めると，それに応じて y の値がただ 1 つだけ定まるとき，y は x の関数であるという.」

つまり，x という数直線上の点に y という数字 (数直線上の点) を 1 つだけ対応させる規則を関数とよんだ．そして，x は独立して自由に変動するので独立変数，y は x の動きにしたがって変動するので従属変数という．

これを一般化して平面上の点 (x, y) に z という数字を 1 つだけ対応させる規則を 2 変数関数とよぶ．このとき，x, y が独立変数であり，z が従属変数になる．

もっと一般化すれば，n 個の数字の組 (n 次元空間の点)$(x_1, x_2, \cdots, x_n)$ に z という数字を 1 つ対応させる規則を n 変数関数とよぶ．このとき，$x_1, x_2, \cdots, x_n$ が独立変数であり，z が従属変数になる．

例 2.2.1. 2 変数と 3 変数関数の例

底辺が x，高さが y の長方形を考える．このとき，長方形の面積 A，周の長さ L はそれぞれ

$$A = xy, \quad L = 2(x + y).$$

横が x，奥行が y，高さが z の長方体を考える．このとき，長方体の体積 V，表面積 A はそれぞれ

$$V = xyz, \quad A = 2(xy + yz + zx).$$

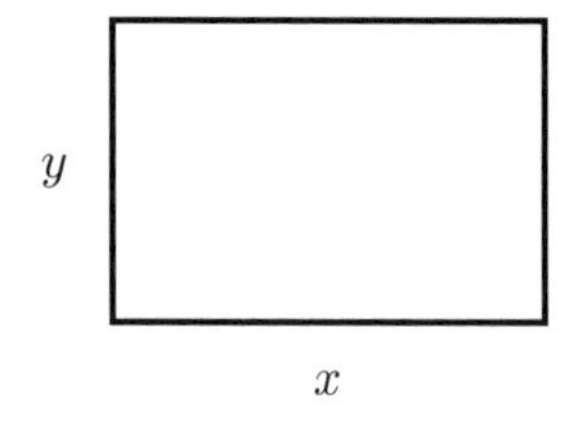

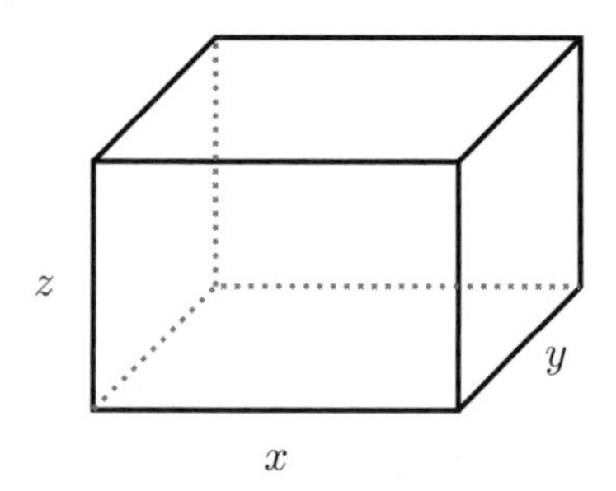

2.2.2 写像

関数をさらに一般化した概念として写像がある．

A, B を集合とするとき，A のどんな元に対しても B の元を 1 つ対応させる規則を集合 A から B への写像とよぶ．f が集合 A から B への写像であることを $f : A \to B$ で，元 a が元 b に対応することを $a \mapsto b$ または $b = f(a)$ で表す．そして A を f の定義域，B を f の値域という．

また，特に B が数直線のとき f を関数，B が数ベクトル空間のときベクトル値関数，$A = B$ のとき変換という．

例 2.2.2. $\mathbb{R}^1$ から $\mathbb{R}^3$ への写像 $\boldsymbol{f}(t) = (\cos t, \sin t, t)$ は 3 次元空間内の曲線を表す 1 変数のベクトル値関数である．ここで，ベクトルであることを強調するため、太字で表していることに注意する．

このとき，t を時間と思えば $\boldsymbol{v}(t) = \boldsymbol{f}'(t) = (-\sin t, \cos t, 1)$ は速度ベクトルとなる．そして，速度ベクトルの大きさの積分が道のりになったので曲線 $\boldsymbol{f}(t) = (\cos t, \sin t, t)$ の $t = 0$ から 2π までの長さは

$$\int_0^{2\pi} \sqrt{(-\sin t)^2 + (\cos t)^2 + 1^2}\, dt = \int_0^{2\pi} \sqrt{\sin^2 t + \cos^2 t + 1}\, dt = \int_0^{2\pi} \sqrt{2}\, dt = 2\sqrt{2}\pi.$$

$f : A \to B$ を写像とする．A の部分集合 A_1 に対して，B の部分集合 $\{f(a) : a \in A_1\}$ を $f(A_1)$ で表し，f による A_1 の像という．B の部分集合 B_1 に対して，A の部分集合 $\{a : f(a) \in B_1\}$ を $f^{-1}(B_1)$ で表し，f による B_1 の逆像または原像という．

例 2.2.3. 行列 $\begin{pmatrix} 3 & 1 \\ 4 & 2 \end{pmatrix}$ で表される線形変換を f とする．このとき直線 $y = x + 2$ の f による像を求めよ．また，直線 $y = x + 2$ の f による原像を求めよ．

先ずは，f による像を求める．像を含む平面の座標を (X, Y) とする．直線 $y = x + 2$ の媒介変数表示として $(t, t + 2)$ をとってきて，像の媒介変数表示を求めると

$$\begin{pmatrix} X \\ Y \end{pmatrix} = \begin{pmatrix} 3 & 1 \\ 4 & 2 \end{pmatrix} \begin{pmatrix} t \\ t+2 \end{pmatrix} = \begin{pmatrix} 3t + (t+2) \\ 4t + 2(t+2) \end{pmatrix} = \begin{pmatrix} 4t + 2 \\ 6t + 4 \end{pmatrix}.$$

第 1 成分より $t = \dfrac{X - 2}{4}$，第 2 成分より $t = \dfrac{Y - 4}{6}$ となるので，t を消去すると

$$\frac{X - 2}{4} = \frac{Y - 4}{6}$$
$$3X - 2Y + 2 = 0.$$

したがって，求める像は直線 $3x - 2y + 2 = 0$ である．

次に f による原像を求める．原像を含む平面の座標を (X,Y) として，点 (X,Y) を求める原像の上の点とすると，その像の座標は

$$\begin{pmatrix} x \\ y \end{pmatrix} = \begin{pmatrix} 3 & 1 \\ 4 & 2 \end{pmatrix} \begin{pmatrix} X \\ Y \end{pmatrix} = \begin{pmatrix} 3X+Y \\ 4X+2Y \end{pmatrix}$$

となる．これが直線 $y = x + 2$ の上の点になるので

$$\begin{aligned} 4X + 2Y &= 3X + Y + 2 \\ X + Y &= 2 \end{aligned}$$

を満たす．したがって，求める原像は直線 $x + y = 2$ である．

f の逆写像 f^{-1} を使っても，原像を求めることができる　f^{-1} を表す行列は

$$\begin{pmatrix} 3 & 1 \\ 4 & 2 \end{pmatrix}^{-1} = \frac{1}{3\cdot 2 - 4\cdot 1} \begin{pmatrix} 2 & -1 \\ -4 & 3 \end{pmatrix} = \frac{1}{2} \begin{pmatrix} 2 & -1 \\ -4 & 3 \end{pmatrix}$$

である．像を求めたときと同様に直線 $y = x + 2$ の媒介変数表示として $(t, t+2)$ をとってきて，原像の媒介変数表示を求めると

$$\begin{pmatrix} X \\ Y \end{pmatrix} = \frac{1}{2} \begin{pmatrix} 2 & -1 \\ -4 & 3 \end{pmatrix} \begin{pmatrix} t \\ t+2 \end{pmatrix} = \frac{1}{2} \begin{pmatrix} 2t-(t+2) \\ -4t+3(t+2) \end{pmatrix} = \frac{1}{2} \begin{pmatrix} t-2 \\ -t+6 \end{pmatrix}.$$

第 1 成分より $t = 2X + 2$，第 2 成分より $t = -2Y + 6$ となるので，t を消去すると

$$\begin{aligned} 2X + 2 &= -2Y + 6 \\ X + Y &= 2. \end{aligned}$$

したがって，求める原像は直線 $x + y = 2$ である．

2 つの写像 $f : A \to B$, $g : C \to D$ があり $B \subset C$ のとき A の元 a に $g(f(a))$ を，つまり，a の f による像 $f(a) \in B \subset C$ の g による像 $g(f(a))$ を対応させる規則を考えると，集合 A から C への写像が得られる．これを f と g の合成写像といい，$g \circ f$ で表す．

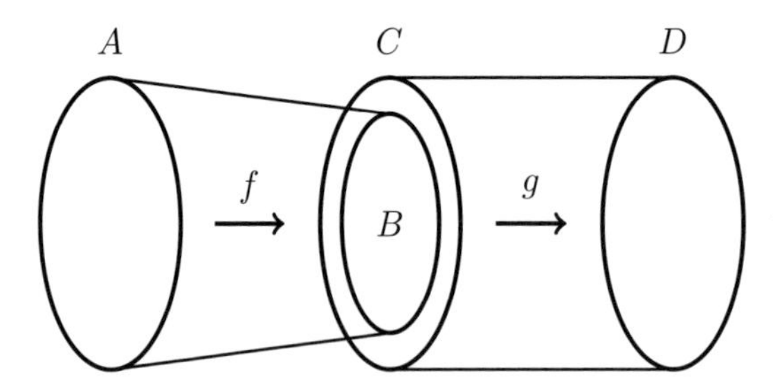

例 2.2.4. 2 変数関数 $f(x,y) = xy$ に対して，$x = r\cos\theta$, $y = r\sin\theta$ という極座標を使って表せば，

$$f(x,y) = f(r\cos\theta, r\sin\theta) = r\cos\theta \cdot r\sin\theta = r^2\cos\theta\sin\theta.$$

ここで，極座標は r-θ 平面から x-y 平面への写像だと考えている．

例 2.2.5. 行列 $\begin{pmatrix} 3 & 1 \\ 4 & 2 \end{pmatrix}$ で表される線形変換を f，行列 $\begin{pmatrix} 1 & 2 \\ 3 & 4 \end{pmatrix}$ で表される線形変換を g としたとき，合成変換 $g \circ f$ を表す行列を求めよ．

$$\begin{pmatrix} 1 & 2 \\ 3 & 4 \end{pmatrix}\begin{pmatrix} 3 & 1 \\ 4 & 2 \end{pmatrix} = \begin{pmatrix} 1\cdot 3 + 2\cdot 4 & 1\cdot 1 + 2\cdot 2 \\ 3\cdot 3 + 4\cdot 4 & 3\cdot 1 + 4\cdot 2 \end{pmatrix} = \begin{pmatrix} 11 & 5 \\ 25 & 11 \end{pmatrix}$$

が合成変換 $g \circ f$ を表す行列である．

2.2.3 全射・単射・逆写像

写像 $f : A \to B$ について，B のどんな元 b に対しても $b = f(a)$ となる A の元 a が常に存在するとき，f は全射であるという．A の元 a_1, a_2 について $a_1 \neq a_2$ ならば常に $f(a_1) \neq f(a_2)$ であるとき，f は単射であるという．写像 f が全射かつ単射であるとき，f を全単射または 1 対 1 の対応という．

集合 A の元 a に集合 A の元 a を対応させる規則，つまり自分に自分自身を対応させる写像を恒等写像といい，$\mathrm{id}_A : A \to A$ で表す．

写像 $f : A \to B$ が全単射ならば，B のどんな元 b に対しても $b = f(a)$ となる A の元 a がただ 1 つ存在する．そこで $b \in B$ に対して $b = f(a)$ となる $a \in A$ を対応させることによって B から A への写像が定まる．この写像を f の逆写像といい，$f^{-1} : B \to A$ で表す．

写像 $f : A \to B$ が全単射のとき，逆写像 f^{-1} が考えられるが，f と f^{-1} の合成写像 $f^{-1} \circ f$ は恒等写像 $\mathrm{id}_A : A \to A$ になる．これは f によって a が b に対応していたら，逆写像 f^{-1} は b に a を対応させるので，合成写像は結局，a に a を対応させる．したがって，恒等写像になる．同様に $f \circ f^{-1} = \mathrm{id}_B$ となる．

例 2.2.6. 関数 $y = x^2$ の定義域を実数全体とする．このとき，値域を $x \geqq 0$ と考えれば，全射になるが，値域も実数全体だと考えると全射ではない．したがって，全射かどうかはどの集合を値域にするかによる．

例 2.2.7. 行列 $\begin{pmatrix} 3 & 1 \\ 4 & 2 \end{pmatrix}$ で表される線形変換を f とする．このとき線形変換 f の逆変換 f^{-1} を表す行列を求めよ．

逆行列が逆変換 f^{-1} を表すので，逆行列を求めればよい．よって，求める行列は

$$\begin{pmatrix} 3 & 1 \\ 4 & 2 \end{pmatrix}^{-1} = \frac{1}{3\cdot 2 - 1\cdot 4}\begin{pmatrix} 2 & -1 \\ -4 & 3 \end{pmatrix} = \begin{pmatrix} 1 & -\frac{1}{2} \\ -2 & \frac{3}{2} \end{pmatrix}.$$

2.3　2 変数関数のグラフ

2.3.1　2 変数関数のグラフ

2 変数関数 $z = f(x, y)$ が与えられたとき，3 次元空間内の $(x, y, f(x, y))$ という形の点全体の集合を関数 $z = f(x, y)$ のグラフという．また，$z = f(x, y)$ のグラフが曲面をつくるとき，そのグラフを曲面 $z = f(x, y)$ という．

例 **2.3.1.** 関数 $z = ax + by + c$ (a, b, c は定数)
グラフは x 軸方向の傾きが a，y 軸方向の傾きが b の点 $(0, 0, c)$ を通る平面になる．

また，式変形すると

$$\begin{aligned} z &= ax + by + c \\ ax + by - (z - c) &= 0 \end{aligned}$$

となるので，法線ベクトルが $(a, b, -1)$ の点 $(0, 0, c)$ を通る平面ともいえる．

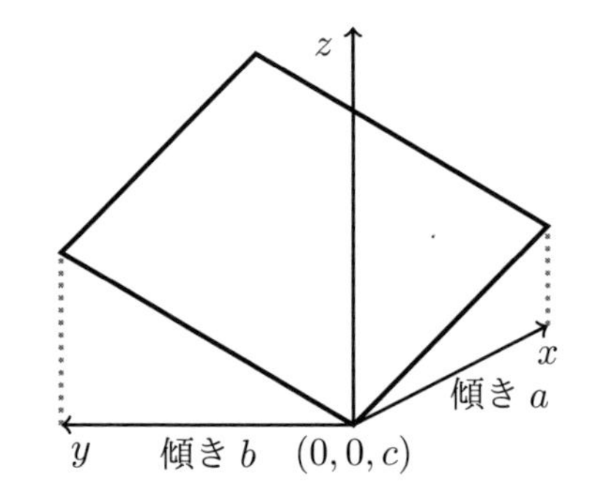

この関数の定義域は x-y 平面全体，値域は実数全体である．

例 **2.3.2.** 関数 $z = \sqrt{4 - x^2 - y^2}$
$\sqrt{\ }$ の中は 0 以上でなければいけないので $4 - x^2 - y^2 \geqq 0$ となる．したがって，この関数の定義域は中心が原点 $(0, 0)$ で半径 2 の閉円板になる．

関数を変形すると

$$\begin{aligned} z &= \sqrt{4 - x^2 - y^2} \\ z^2 &= 4 - x^2 - y^2,\ z \geqq 0 \\ x^2 + y^2 + z^2 &= 4,\ z \geqq 0 \end{aligned}$$

となるので求めるグラフは原点中心の半径 2 の球の $z \geqq 0$ の部分 (上半分) である．

したがって，値域としては閉区間 $[0, 2]$ がとれる．

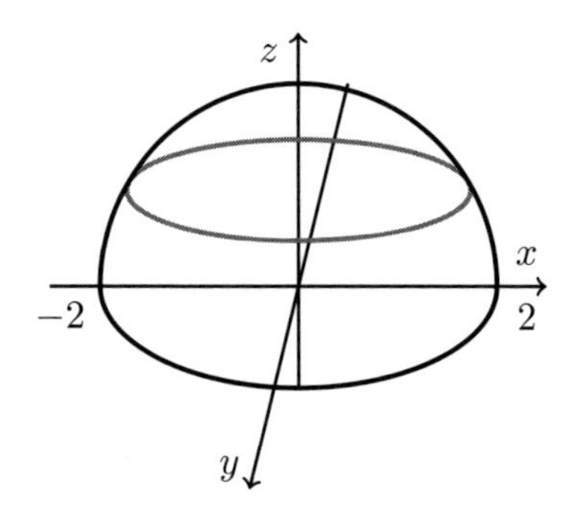

例 2.3.3. 関数 $z = x^2 - y^2$

この関数を x 軸に制限する，つまり，$y = 0$ を代入すると $z = x^2$ となるので，x 軸上に制限すると下に凸な放物線である．

今度は y 軸に制限する，つまり，$x = 0$ を代入すると $z = -y^2$ となるので，y 軸上に制限すると上に凸な放物線である．

したがって，原点では 1 つの方向 (x 軸方向) では極小値をとり，もう 1 つの方向 (y 軸方向) では極大値をとる．この様な点を鞍点という．

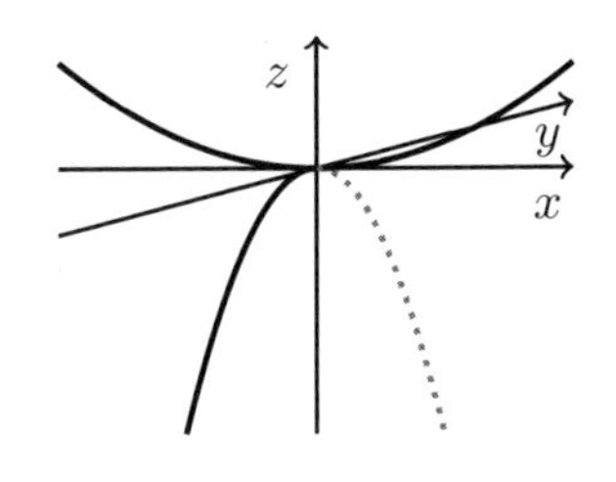

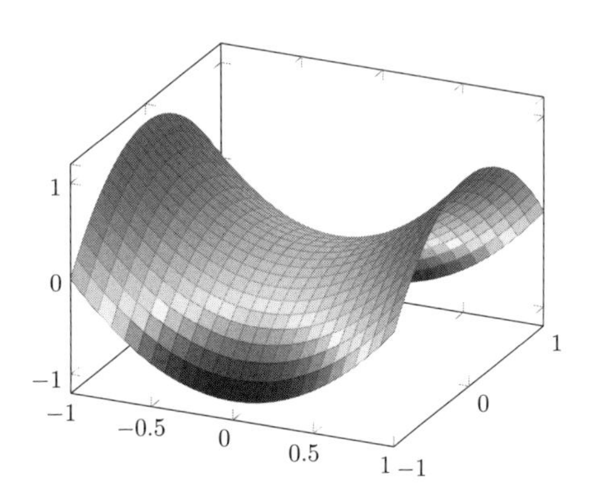

2.3.2　$z = f(x)$ のグラフ

y の値が変化しても z の値は変化しないのでグラフは，x-z 平面内の曲線 $z = f(x)$ を y 軸に平行移動してできる軌跡がつくる曲面になる．同様に，$z = f(y)$ という形の関数のグラフも y-z 平面内の曲線 $z = f(y)$ を x 軸方向に平行移動してできる軌跡がつくる曲面になる．

例 2.3.4. 関数 $z = \sqrt{4 - x^2}$

$\sqrt{\ }$ の中は 0 以上でなければいけないので $4 - x^2 \geqq 0$ となる．したがって，この関数の定義域は $-2 \leqq x \leqq 2$ になる．

この式を変形すると

$$z = \sqrt{4 - x^2}$$
$$z^2 = 4 - x^2,\ z \geqq 0$$
$$x^2 + z^2 = 4,\ z \geqq 0$$

x-z 平面では原点中心の半径 2 の円の $z \geqq 0$ の部分 (半円) を表す．したがって，この半円を y 軸に沿って平行移動してできる軌跡が求めるグラフになる．

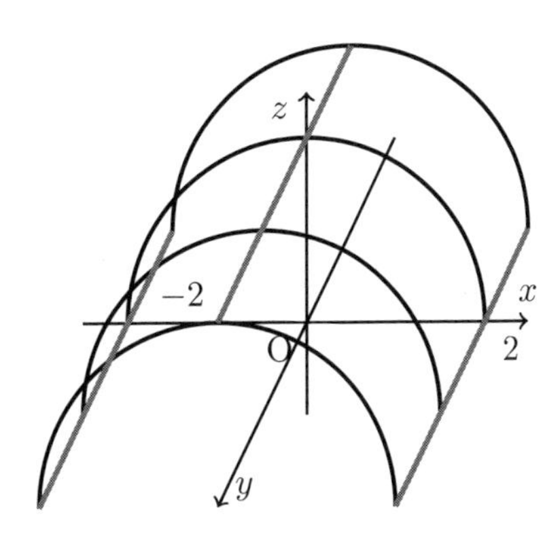

2.3.3 $z = f(x^2 + y^2)$ のグラフ

原点を中心とする半径 r の円の上で関数 $z = f(x^2 + y^2)$ は一定の値 $f(r^2)$ をとるので，そのグラフは x-z 平面内の曲線 $z = f(x^2)$ を，z 軸を中心として回転してできる曲面になる．このとき，当たり前であるが，$x \geqq 0$ の部分のみを考えれば十分である．

例 2.3.5. 関数 $z = \sqrt{x^2 + y^2}$

$y = 0$ を代入して x-z 平面での断面を求めると折れ線 $z = \sqrt{x^2} = |x|$ であるが，$x \geqq 0$ を考えれば十分なので $y = x$ $(x \geqq 0)$ のグラフを考える．求めるグラフはこの半直線を z 軸を中心として回転してできる曲面である．

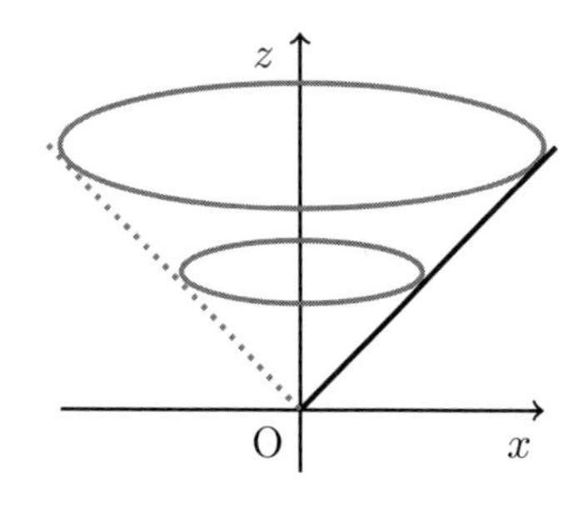

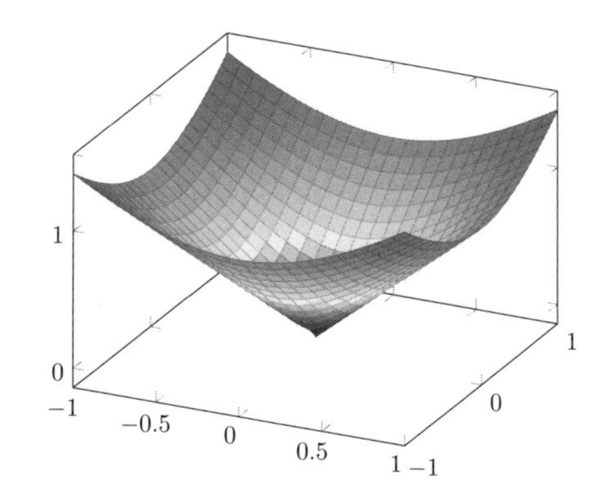

例 2.3.6. 関数 $z = x^2 + y^2$

$y = 0$ を代入して x-z 平面での断面を求めると放物線 $z = x^2$ である．求めるグラフはこの放物線を z 軸を中心として回転してできる曲面である．

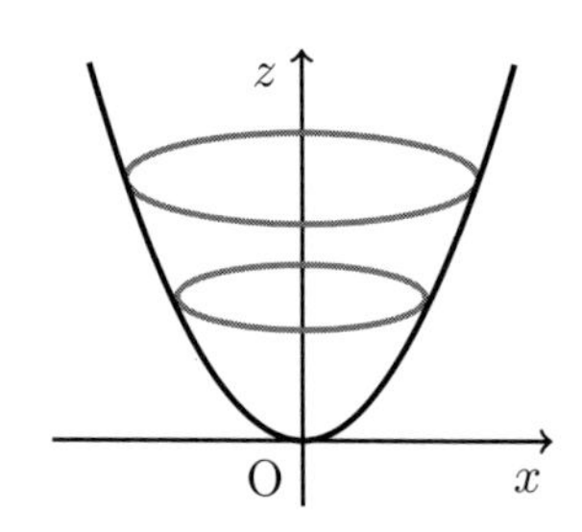

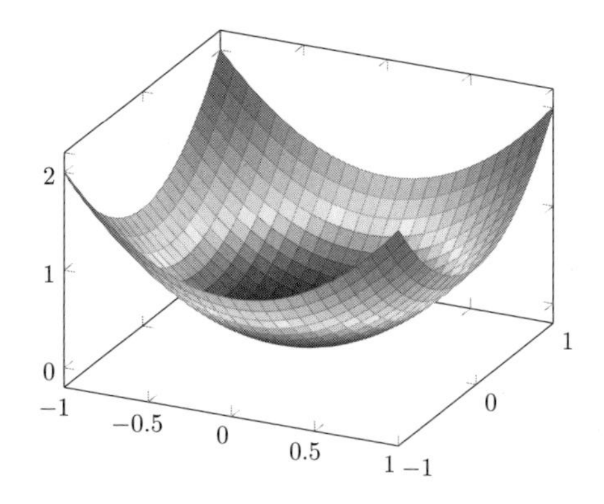

例 2.3.7. 関数 $z = \dfrac{1}{x^2+y^2}$

$y=0$ を代入して x-z 平面での断面を求めると $z = \dfrac{1}{x^2}$ のグラフである．求めるグラフはこの曲線を z 軸を中心として回転してできる曲面である．

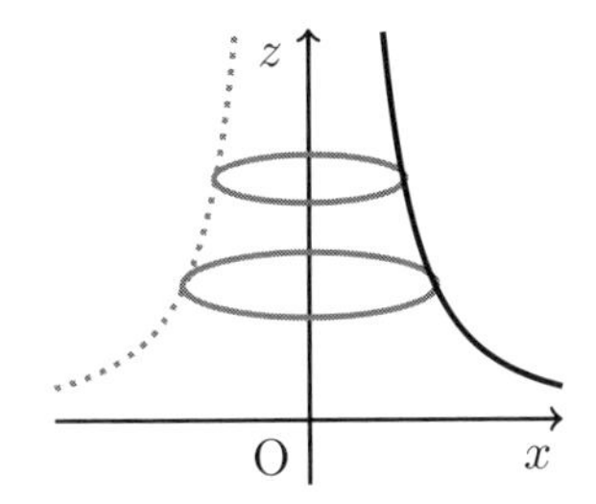

2.3.4 等高線

2 変数関数 $z=f(x,y)$ と実数 k に対し，集合 $C_k = \{(x,y) : f(x,y) = k\}$ を高さ k の等高線という．等高線も関数の様子を実感するためにとても有益である．例えば，等高線が密になっているところは傾きが急になっていることや，等高線と垂直になる方向が一番急であることなど，等高線を見ればグラフの地形の情報が得られる．

例 2.3.8. 等高線の例

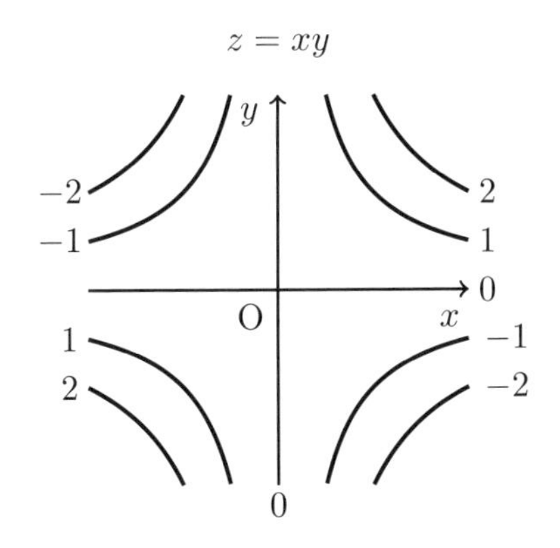

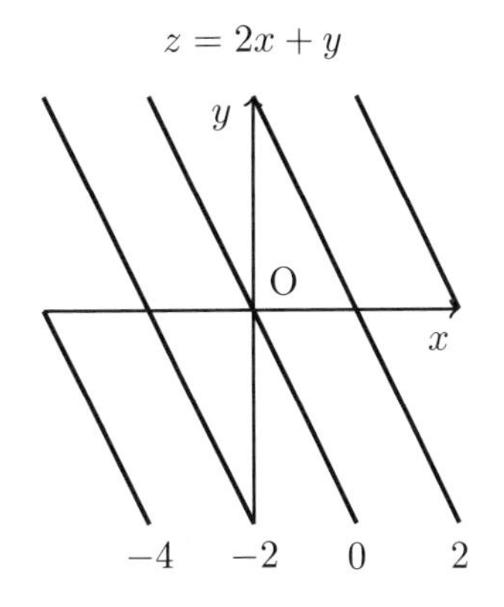

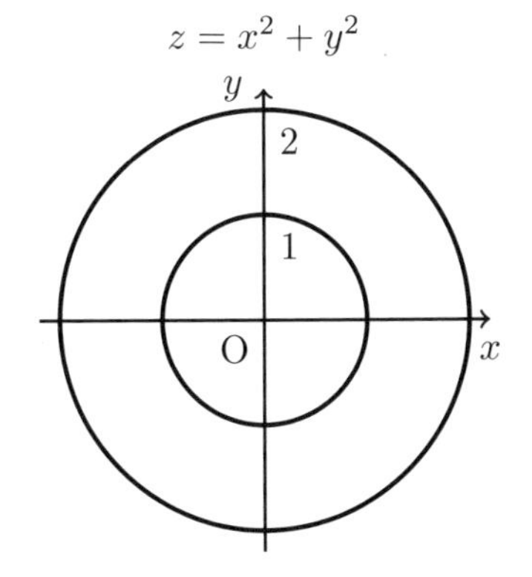

第 3 章

微分

3.1 関数の極限と連続性

3.1.1 1 変数関数の極限の復習

関数 $y=f(x)$ が与えられたとき変数 x が a と異なる値を取りながら a に近づくとき，$f(x)$ の値が一定の値 L に近づくならば，これを $\lim_{x\to a} f(x)=L$ と表した．

例 3.1.1. 関数 $y=f(x)=\dfrac{x^2-1}{x-1}$ が与えられたとき，$\lim_{x\to 1}\dfrac{x^2-1}{x-1}$ を求めよ．

代数的に計算すると

$$\begin{aligned}\lim_{x\to 1}\frac{x^2-1}{x-1} &= \lim_{x\to 1}\frac{(x-1)(x+1)}{x-1}\\ &= \lim_{x\to 1}(x+1)=2.\end{aligned}$$

今度はグラフを使って求める．関数 $y=f(x)=\dfrac{x^2-1}{x-1}$ の定義域は分母が 0 ではない所なので $x\neq 1$ である．また，$x^2-1=(x-1)(x+1)$ なので $x\neq 1$ では $f(x)=x+1$ となるのでグラフは右の様になる．したがって，グラフから $\lim_{x\to 1}\dfrac{x^2-1}{x-1}=2$ であることがわかる．

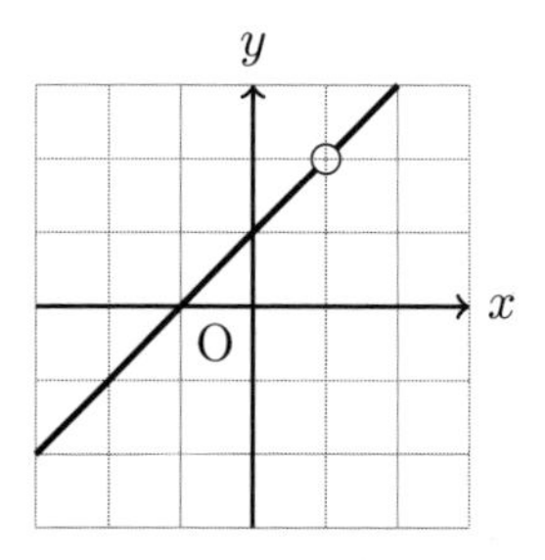

1 変数のときには x が a に近づくとき，左から近づく極限と右から近づく極限も考えていた．左右からの極限と極限の間には次の定理が成り立っていた．

左右からの極限と極限

左からの極限 $\lim_{x\to a-0} f(x)$ と右からの極限 $\lim_{x\to a+0} f(x)$ がともに L に等しいとき

$$\lim_{x\to a} f(x)=L.$$

3.1.2　2 変数関数の極限

点 (a,b) の周りで定義された関数 $z=f(x,y)$ が与えられたとき，平面上の点 (x,y) が点 (a,b) と異なる点を取りながら点 (a,b) に近づくとき，$f(x,y)$ の値が一定の値 L に近づくならば，これを $(x,y)\to(a,b)$ のとき，$f(x,y)$ は L に収束するといい，

$$\lim_{(x,y)\to(a,b)} f(x,y)=L$$

で表す．ただし，関数 $z=f(x,y)$ は点 (a,b) で定義されているとは限らない．

注 3.1.1. 1 変数のときは左と右の 2 方向からの近づき方だけを考えれば十分であったが，平面上の点が点 (a,b) に近づく近づき方は無数にある．例えば原点 $(0,0)$ に近づくとき，直線 $y=ax$ 上を通って近づく近づき方や x 軸上や y 軸上を通って近づく近づき方が考えられる．

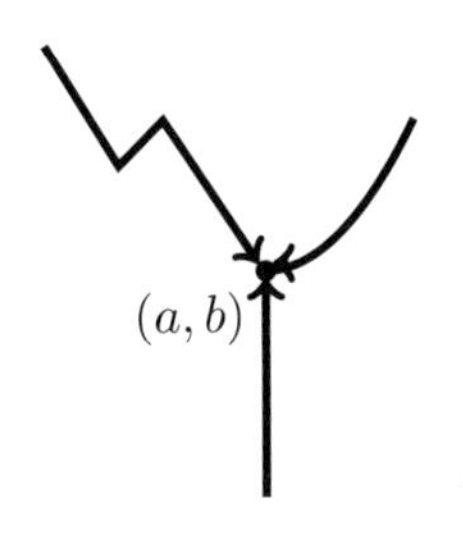

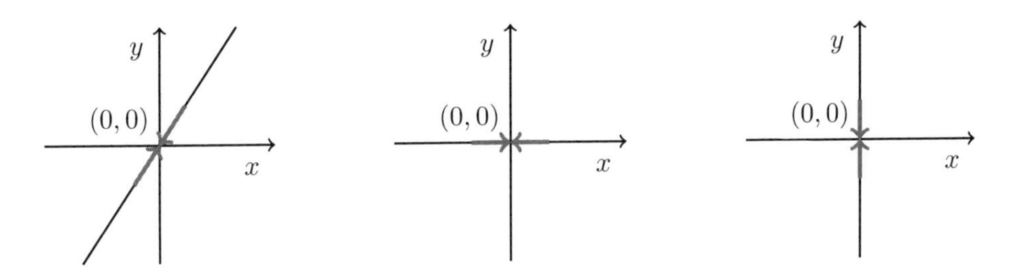

そして，どんな近づき方でもある 1 つの値 L に近づくとき，極限が存在するといい，極限値が L であるという．また，1 変数のときと同様に

$$\lim_{(x,y)\to(a,b)} f(x,y)=\pm\infty,\quad \lim_{x\to\infty,\ y\to\infty} f(x,y)$$

なども考えられる．

例 3.1.2. 次の極限を求めよ．

(1) $\displaystyle\lim_{(x,y)\to(3,2)}(x^2-7xy+5)=3^2-7\cdot3\cdot2+5=-28$

(2) $\displaystyle\lim_{(x,y)\to(-1,0)}\frac{2x+y}{x-2y}=\frac{(-2)}{(-1)}=2$

(3) $\displaystyle\lim_{(x,y)\to(0,0)}\frac{1}{x^2+y^2}=\infty$

(4) $\displaystyle\lim_{x\to\infty,\ y\to\infty}\frac{1}{x^2+y^2}=0$

1 変数関数のときと同様に点の座標 (a,b) を代入して $\dfrac{0}{0}$ や $\dfrac{\pm\infty}{\pm\infty}$ の不定形になるとき，約分や有理化等を利用して極限を求める．

例 3.1.3. $\displaystyle\lim_{(x,y)\to(0,0)} \frac{x^2y^2}{x^2+y^2}$ を求めよ．

$x = r\cos\theta,\ y = r\sin\theta$ (極座標) を使うと

$$(x,y)\to(0,0) \iff r\to 0.$$

この変換を行うと θ は変数ではあるが，θ についての極限は考えないので，r という 1 変数の関数の極限だと思える．

$$\begin{aligned}\frac{x^2y^2}{x^2+y^2} &= \frac{r^2\cos^2\theta\cdot r^2\sin^2\theta}{r^2\cos^2\theta + r^2\sin^2\theta}\\ &= \frac{r^4}{r^2}\cdot\frac{\cos^2\theta\cdot\sin^2\theta}{\cos^2\theta+\sin^2\theta}\\ &= r^2\cos^2\theta\sin^2\theta\end{aligned}$$

ここで $\cos^2\theta+\sin^2\theta = 1$ であることを使った．

$0 \leqq \sin^2\theta \leqq 1,\ 0 \leqq \cos^2\theta \leqq 1$ より，$0 \leqq \cos^2\theta\sin^2\theta \leqq 1$ となるので

$$\lim_{(x,y)\to(0,0)} \frac{x^2y^2}{x^2+y^2} = \lim_{r\to 0} r^2\cos^2\theta\sin^2\theta = 0.$$

注 3.1.2. 一般に，ある定数 M が存在して $0 \leqq |f(\theta)| \leqq M,\ n>0$ のとき，はさみうちの原理より，

$$r\to 0 \Longrightarrow r^n f(\theta)\to 0.$$

例 3.1.4. $\displaystyle\lim_{(x,y)\to(0,0)} \frac{x^2-y^2}{x^2+y^2}$ を求めよ．

x 軸に沿って原点 $(0,0)$ に近づく，つまり $x\to 0,\ y=0$ のとき

$$\lim_{x\to 0,\ y=0} \frac{x^2-y^2}{x^2+y^2} = \lim_{x\to 0}\frac{x^2}{x^2} = \lim_{x\to 0} 1 = 1.$$

y 軸に沿って原点 $(0,0)$ に近づく，つまり $x=0,\ y\to 0$ のとき

$$\lim_{x=0,\ y\to 0} \frac{x^2-y^2}{x^2+y^2} = \lim_{y\to 0}\frac{-y^2}{y^2} = \lim_{y\to 0}(-1) = -1.$$

2 つの極限が違うので極限は存在しない．

3.1.3　1 変数関数の連続性の復習

関数 $y = f(x)$ が与えられたとき $\lim_{x \to a} f(x) = f(\lim_{x \to a} x) = f(a)$ が成り立つとき，関数 $y = f(x)$ は $x = a$ で連続であるといった． つまり，極限操作と関数が入れ替えられるとき，連続といった．

3.1.4　2 変数関数の連続性

関数 $z = f(x, y)$ が与えられたとき

$$\lim_{(x,y)\to(a,b)} f(x,y) = f(\lim_{x\to a} x, \lim_{y\to b} y) = f(a,b)$$

が成り立つとき，関数 $z = f(x, y)$ は点 (a, b) で連続であるという．

また，領域 D の全ての点で連続のとき，$z = f(x, y)$ は領域 D で連続，定義域の全ての点で連続のとき，単に連続という．

1 変数のときと同様に

- 多項式関数
- 連続関数同士の和・差・積・商
- 連続関数同士の合成関数

は連続関数になる．

例 3.1.5. 連続な関数の例

$$f(x,y) = \begin{cases} \dfrac{x^2y^2}{x^2+y^2} & (x,y) \neq (0,0) \\ 0 & (x,y) = (0,0) \end{cases}$$

原点 $(0, 0)$ 以外の点では連続関数 x^2y^2 と $x^2 + y^2$ の商なので連続である．

また，$\lim_{(x,y)\to(0,0)} f(x,y) = 0 = f(0,0)$ となるので原点 $(0, 0)$ でも連続である．

したがって，x-y 平面全体 (定義域) で連続である．

例 3.1.6. 連続でない関数の例

$$f(x,y) = \begin{cases} \dfrac{x^2-y^2}{x^2+y^2} & (x,y) \neq (0,0) \\ 0 & (x,y) = (0,0) \end{cases}$$

そもそも $\lim_{(x,y)\to(0,0)} f(x,y)$ が存在しないので原点 $(0, 0)$ では連続でない．

3.2 極限の計算例

例 **3.2.1.** 連続な関数の例

$$f(x,y) = \begin{cases} \dfrac{2xy^2}{x^2+y^2} & (x,y) \neq (0,0) \\ 0 & (x,y) = (0,0) \end{cases}$$

原点 $(0,0)$ 以外の点では連続関数 $2xy^2$ と x^2+y^2 の商なので連続である．

次に原点 $(0,0)$ での連続性について $x = r\cos\theta$, $y = r\sin\theta$ (極座標) を使って調べる．

$$\begin{aligned} (x,y) \to (0,0) &\iff r \to 0, \\ \frac{2xy^2}{x^2+y^2} &= \frac{2r\cos\theta \cdot r^2\sin^2\theta}{r^2\cos^2\theta + r^2\sin^2\theta} \\ &= \frac{2r^3}{r^2} \cdot \frac{\cos\theta \cdot \sin^2\theta}{\cos^2\theta + \sin^2\theta} \\ &= 2r\cos\theta\sin^2\theta. \end{aligned}$$

ここで $\cos^2\theta + \sin^2\theta = 1$ であることを使った．

$0 \leqq \sin^2\theta \leqq 1$, $-1 \leqq \cos\theta \leqq 1$ より，$-1 \leqq \cos\theta\sin^2\theta \leqq 1$ となるので

$$\lim_{(x,y)\to(0,0)} \frac{2xy^2}{x^2+y^2} = \lim_{r\to 0} 2r\cos\theta\sin^2\theta = 0.$$

したがって，$\displaystyle\lim_{(x,y)\to(0,0)} f(x,y) = 0 = f(0,0)$ となるので原点 $(0,0)$ でも連続である．
よって，x-y 平面全体 (定義域) で連続である．

例 **3.2.2.** 連続でない関数の例

$$f(x,y) = \begin{cases} \dfrac{2xy}{x^2+y^2} & (x,y) \neq (0,0) \\ 0 & (x,y) = (0,0) \end{cases}$$

原点 $(0,0)$ 以外の点では連続関数 $2xy$ と x^2+y^2 の商なので連続である．

次に原点 $(0,0)$ での連続性について $x = r\cos\theta$, $y = r\sin\theta$ (極座標) を使って調べる．

$$\begin{aligned} (x,y) \to (0,0) &\iff r \to 0, \\ \frac{2xy}{x^2+y^2} &= \frac{2r\cos\theta \cdot r\sin\theta}{r^2\cos^2\theta + r^2\sin^2\theta} \\ &= \frac{2r^2}{r^2} \cdot \frac{\cos\theta \cdot \sin\theta}{\cos^2\theta + \sin^2\theta} \\ &= \sin 2\theta. \end{aligned}$$

したがって，$\displaystyle\lim_{(x,y)\to(0,0)} f(x,y)$ は θ の値によって変わるので極限自体存在しない．よって，原点 $(0,0)$ では連続でない．

実際，y 軸に沿って原点 $(0,0)$ に近づく，つまり，$x=0,\, y\to 0$ であれば

$$\lim_{x=0,\, y\to 0} f(x,y) = \lim_{y\to 0} \frac{0}{y^2} = 0$$

であるが，直線 $y=x$ に沿って原点 $(0,0)$ に近づく，つまり，$x=y\to 0$ であれば

$$\lim_{x=y\to 0} f(x,y) = \lim_{x\to 0} \frac{2x^2}{2x^2} = 1$$

となるので収束しない．

例 **3.2.3.** 連続な関数の例

$$f(x,y) = \begin{cases} \dfrac{x^4+y^4}{x^2+y^2} & (x,y)\neq(0,0) \\ 0 & (x,y)=(0,0) \end{cases}$$

原点 $(0,0)$ 以外の点では連続関数 x^4+y^4 と x^2+y^2 の商なので連続である．

次に原点 $(0,0)$ での連続性について $x=r\cos\theta,\, y=r\sin\theta$ (極座標) を使って調べる．

$$\begin{aligned} (x,y)\to(0,0) &\iff r\to 0, \\ \frac{x^4+y^4}{x^2+y^2} &= \frac{r^4\cos^4\theta + r^4\sin^4\theta}{r^2\cos^2\theta + r^2\sin^2\theta} \\ &= \frac{r^4}{r^2}\cdot\frac{\cos^4\theta+\sin^4\theta}{\cos^2\theta+\sin^2\theta} \\ &= r^2(\cos^4\theta+\sin^4\theta). \end{aligned}$$

$0 \leqq |\sin\theta| \leqq 1,\ 0 \leqq |\cos\theta| \leqq 1$ より，

$$|\cos^4\theta + \sin^4\theta| \leqq |\cos\theta|^4 + |\sin\theta|^4 = 2$$

となるので

$$\lim_{(x,y)\to(0,0)} \frac{x^4+y^4}{x^2+y^2} = 0.$$

したがって，$\displaystyle\lim_{(x,y)\to(0,0)} f(x,y) = 0 = f(0,0)$ となるので原点 $(0,0)$ でも連続である．よって，x-y 平面全体 (定義域) で連続である．

3.3 偏微分係数

3.3.1 1 変数関数の微分係数の復習

関数 $y = f(x)$ のグラフ上の 2 点 $(a, f(a))$, $(a+h, f(a+h))$ を結ぶ直線の傾きは $\dfrac{f(a+h)-f(a)}{a+h-a} = \dfrac{f(a+h)-f(a)}{h}$ である．ここで，h が 0 に非常に近ければ，その値はグラフ上の点 $(a, f(a))$ での傾き具合を表していると考えられる．

そこで，h を 0 に近づけたときの極限

$$\lim_{h \to 0} \frac{f(a+h)-f(a)}{h}$$

を $y = f(x)$ の $x = a$ における微分係数とよび，$f'(a)$, $\dfrac{df}{dx}(a)$ などの記号で表す．

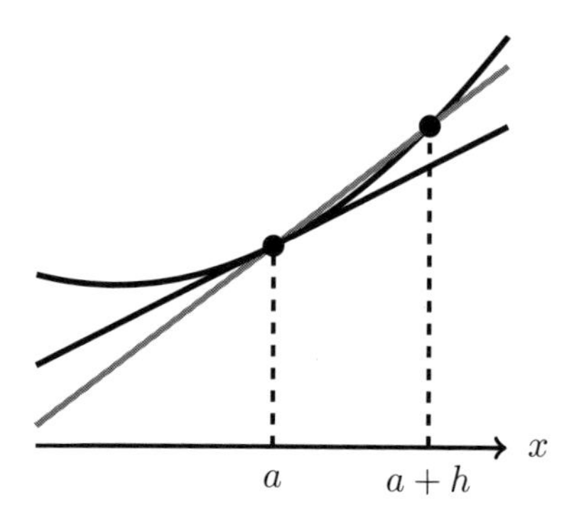

h の代わりに x の変位を表す記号として Δx を使うこともある．このとき，対応する y の変位 $f(a+\Delta x) - f(a)$ を Δy で表す．この記号を使えば，$x = a$ での微分係数は

$$f'(a) = \lim_{\Delta x \to 0} \frac{f(a+\Delta x)-f(a)}{\Delta x} = \lim_{\Delta x \to 0} \frac{\Delta y}{\Delta x}$$

と書け，記号 $\dfrac{\Delta y}{\Delta x}$ の極限として $\dfrac{dy}{dx}(a)$ と書く．

注 3.3.1. ここで，$\Delta x \to 0$ は $\Delta x \neq 0$ で 0 に近づけるという意味であったことに注意する．

3.3.2 2 変数関数の傾き (偏微分係数)

山を登るとき，進む方向によって山の傾きは違う．地図の等高線に沿って進んでいけば，標高は変わらないので傾きは 0 である．また，等高線に垂直な方向が傾きが一番急な方向である．

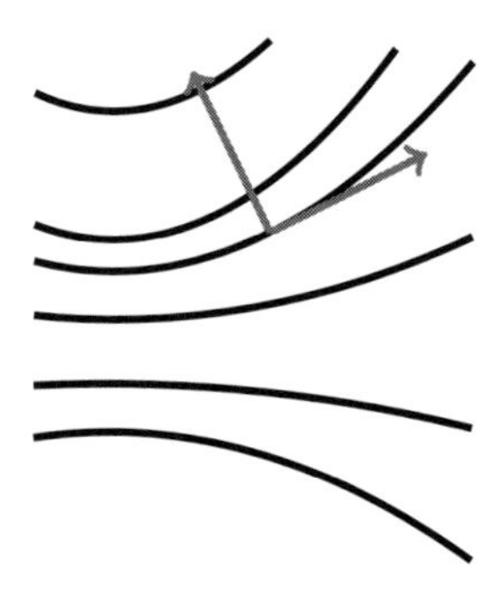

x-y 平面には 2 つの特別な方向がある．それは x 軸方向と y 軸方向である．この 2 つの方向についての傾きを考える．そして，その傾きを偏微分係数という．

例 3.3.1. 例として点 A$(1,2,2)$ での関数 $z=f(x,y)=x^2y$ の x 軸方向と y 軸方向の傾き (偏微分係数) を考える．

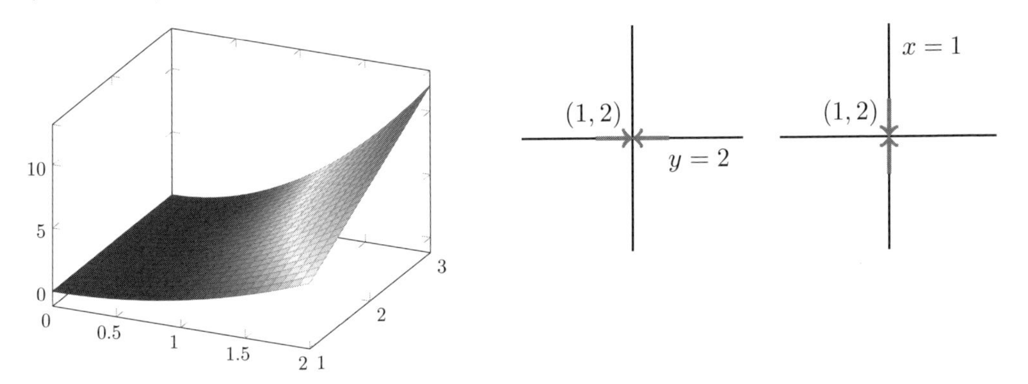

- x 軸方向の斜き (x についての偏微分係数)
  点 A から x 軸の正の方向に曲面を登って行くときの傾斜だから，$y=2$ という平面で切断して出来る曲線の接線の傾きを求めればよい．

$$
\begin{aligned}
\lim_{h\to 0}\frac{f(1+h,2)-f(1,2)}{h} &= \lim_{h\to 0}\frac{(1+h)^2\cdot 2-1^2\cdot 2}{h}\\
&= \lim_{h\to 0}\frac{2(1+2h+h^2)-2}{h}\\
&= \lim_{h\to 0}\frac{4h+2h^2}{h}\\
&= \lim_{h\to 0}(4+2h)=4.
\end{aligned}
$$

  したがって，点 A$(1,2,2)$ での $z=f(x,y)=x^2y$ の x 軸方向の傾きは 4 となる．もちろん，これは y に 2 を代入した関数 $z=f(x,2)=2x^2$ の導関数 $4x$ に $x=1$ を代入したものになっている．

- y 軸方向の傾き (y についての微分係数)
  点 A から y 軸の正の方向に曲面を登って行くときの傾斜だから，$x=1$ という平面で切断して出来る曲線の接線の傾きを求めればよい．

$$
\begin{aligned}
\lim_{h\to 0}\frac{f(1,2+h)-f(1,2)}{h} &= \lim_{h\to 0}\frac{1^2\cdot(2+h)-1^2\cdot 2}{h}\\
&= \lim_{h\to 0}\frac{h}{h}\\
&= \lim_{h\to 0}1=1.
\end{aligned}
$$

したがって，点 A$(1,2,2)$ での $z=f(x,y)=x^2y$ の y 軸方向の傾きは 1 となる．もちろん，これは x に 1 を代入した関数 $z=f(1,y)=y$ の導関数 1 に $x=1$ を代入したものになっている．

一般に，関数 $z=f(x,y)$ において，y を一定の値 b に固定すると $z=f(x,b)$ は x だけの関数だと考えられる．この関数が $x=a$ で x について微分可能なとき，関数 $z=f(x,y)$ は点 (a,b) において x について偏微分可能であるといい，その微分係数を $f_x(a,b)$ や $\dfrac{\partial f}{\partial x}(a,b)$ 等で表し，関数 $z=f(x,y)$ の点 (a,b) における x についての偏微分係数という．

これを数式で定義すれば，

$$f_x(a,b)=\lim_{h\to 0}\frac{f(a+h,b)-f(a,b)}{h}.$$

つまり，x 軸方向の傾き (微分係数) が x についての偏微分係数である．

y についての偏微分係数も同様に定義できる．

$$f_y(a,b)=\lim_{h\to 0}\frac{f(a,b+h)-f(a,b)}{h}.$$

関数 $z=f(x,y)$ が x-y 平面上の領域 D 内の全ての点において x について偏微分可能であるとき，関数 $z=f(x,y)$ は領域 D で x について偏微分可能であるという．

このとき，領域 D の各点 (a,b) に，その点での x についての偏微分係数 $f_x(a,b)$ を対応させる関数を $z=f(x,y)$ の x についての偏導関数といい，

$$f_x(x,y),\ f_x,\ \frac{\partial f}{\partial x}(x,y),\ \frac{\partial f}{\partial x},\ \frac{\partial z}{\partial x},\ D_xf$$

等で表す．

y についての偏導関数も同様に定義され，

$$f_y(x,y),\ f_y,\ \frac{\partial f}{\partial y}(x,y),\ \frac{\partial f}{\partial y},\ \frac{\partial z}{\partial y},\ D_yf$$

等で表す．

偏導関数 f_x, f_y を求めることをそれぞれ x, y について偏微分するという．

f_x を求めるには y を定数だと思って $f(x,y)$ を x について微分すればよい．f_y についても同様に x を定数だと思って y について微分すればよい．

例 3.3.2. 関数 $z = f(x, y) = x^2 - 3xy^2 + 2y^3$ を偏微分せよ．また，点 $(2, 1)$ における偏微分係数を求めよ．

$$
\begin{aligned}
f &= x^2 - 3y^2x + 2y^3, \\
f_x &= 2x - 3y^2, \\
f_x(2,1) &= 2 \cdot 2 - 3 \cdot 1^2 = 4 - 3 = 1,
\end{aligned}
\qquad
\begin{aligned}
f &= 2y^3 - 3xy^2 + x^2, \\
f_y &= 6y^2 - 6xy, \\
f_y(2,1) &= 6 \cdot 1^2 - 6 \cdot 2 \cdot 1 = -6.
\end{aligned}
$$

例 3.3.3. $f(x, y) = \dfrac{2x + 3y}{xy}$ を偏微分せよ．また，点 $(1, 2)$ における偏微分係数を求めよ．

$$
\begin{aligned}
\frac{\partial f}{\partial x} = f_x &= \frac{\dfrac{\partial(2x+3y)}{\partial x} \cdot (xy) - (2x+3y) \cdot \dfrac{\partial(xy)}{\partial x}}{(xy)^2} \\
&= \frac{2 \cdot (xy) - (2x+3y) \cdot y}{x^2y^2} = \frac{-3y^2}{x^2y^2} = -\frac{3}{x^2}, \\
\frac{\partial f}{\partial y} = f_y &= \frac{\dfrac{\partial(2x+3y)}{\partial y} \cdot (xy) - (2x+3y) \cdot \dfrac{\partial(xy)}{\partial y}}{(xy)^2} \\
&= \frac{3 \cdot (xy) - (2x+3y) \cdot x}{x^2y^2} = \frac{-2x^2}{x^2y^2} = -\frac{2}{y^2}.
\end{aligned}
$$

$$
f_x(1,2) = -3, \ f_y(1,2) = -\frac{1}{2}.
$$

例 3.3.4. $g(x, y) = \sin(x^2 + y^2)$ を偏微分せよ．また，点 $(\sqrt{\pi}, 0)$ における偏微分係数を求めよ．

$$
\begin{aligned}
\frac{\partial g}{\partial x} = g_x &= \cos(x^2+y^2) \cdot \frac{\partial(x^2+y^2)}{\partial x} \\
&= \cos(x^2+y^2) \cdot 2x = 2x\cos(x^2+y^2), \\
\frac{\partial g}{\partial y} = g_y &= \cos(x^2+y^2) \cdot \frac{\partial(x^2+y^2)}{\partial y} \\
&= \cos(x^2+y^2) \cdot 2y = 2y\cos(x^2+y^2).
\end{aligned}
$$

$$
g_x(\sqrt{\pi}, 0) = -2\sqrt{\pi}, \ g_y(\sqrt{\pi}, 0) = 0.
$$

3.4　方向微分と全微分

点 A(1, 2, 2) での関数 $z = f(x, y) = x^2y$ の x 軸方向の傾き (x についての偏微分係数) は 4, y 軸方向の傾き (y についての偏微分係数) は 1 であった．

今度はベクトル (α, β) 方向の傾きを考える．ただし，ここで (α, β) は長さ 1 のベクトル ($\alpha^2 + \beta^2 = 1$)，つまり，単位ベクトルとする．

3.4.1　(α, β) 方向の傾き (方向微分係数)

点 (1, 2) から (α, β) 方向に h だけ進んだ点は $(1, 2) + h(\alpha, \beta) = (1 + \alpha h, 2 + \beta h)$ なので，関数 $z = x^2y$ の (α, β) 方向の傾きは

$$
\begin{aligned}
&\lim_{h\to 0} \frac{f(1+\alpha h, 2+\beta h) - f(1,2)}{h} \\
&= \lim_{h\to 0} \frac{(1+\alpha h)^2 \cdot (2+\beta h) - 2}{h} \\
&= \lim_{h\to 0} \frac{(1+2\alpha h+\alpha^2 h^2)(2+\beta h) - 2}{h} \\
&= \lim_{h\to 0} \frac{(4\alpha+\beta)h + 2\alpha(\alpha+\beta)h^2 + \alpha^2\beta h^3}{h} \\
&= \lim_{h\to 0} \{(4\alpha+\beta) + 2\alpha(\alpha+\beta)h + \alpha^2\beta h^2\} = 4\alpha+\beta.
\end{aligned}
$$

$(1+\alpha h, 2+\beta h)$

$(1, 2)$

よって，点 A(1, 2, 2) での $z = f(x, y) = x^2y$ の (α, β) 方向の傾きは $4\alpha + \beta$ となる．

一般に，関数 $z = f(x, y)$ の点 (a, b) での単位ベクトル (α, β) 方向の微分係数 (傾き) を

$$
\lim_{h\to 0} \frac{f(a+\alpha h, b+\beta h) - f(a,b)}{h}
$$

と定義する．そして，その値は

$$
(x\text{ 軸方向の傾き})\alpha + (y\text{ 軸方向の傾き})\beta \;= f_x(a,b)\alpha + f_y(a,b)\beta
$$

となりそうである．実際，そうなるとき，全微分可能という．

ベクトル $(f_x(a, b), f_y(a, b))$ を関数 $z = f(x, y)$ の勾配といい，内積の定義よりこの方向が一番急な方向になる．また，

$$
\mathrm{grad}\, f = \boldsymbol{\nabla} f = f_x \boldsymbol{i} + f_y \boldsymbol{j}
$$

という記号を使うこともある。

3.4.2　1 変数関数の微分係数の復習

微分可能な関数 $y = f(x)$ が与えられたとき $x = a$ での微分係数は

$$f'(a) = \lim_{\Delta x \to 0} \frac{f(a + \Delta x) - f(a)}{\Delta x}$$

で定義された．Δx が 0 に近い値のとき左辺と右辺がほぼ等しいということなので

$$f'(a) \approx \frac{f(a + \Delta x) - f(a)}{\Delta x}$$
$$\Delta f = f(a + \Delta x) - f(a) \approx f'(a)\Delta x.$$

a を x で書き換え，$\Delta x \to 0$ と極限を取った式を $dy = df = f'(x)\,dx$ と書いた．

また，$\Delta f \approx f'(a)\Delta x$ の左辺と右辺の誤差を ϵ と置くと

$$\Delta f = f'(a)\Delta x + \epsilon$$
$$\frac{\Delta f}{\Delta x} = f'(a) + \frac{\epsilon}{\Delta x}$$
$$\lim_{\Delta x \to 0} \frac{\Delta f}{\Delta x} = f'(a) + \lim_{\Delta x \to 0} \frac{\epsilon}{\Delta x}.$$

ここで，$\lim_{\Delta x \to 0} \frac{\Delta f}{\Delta x} = f'(a)$ なので $\lim_{\Delta x \to 0} \frac{\epsilon}{\Delta x} = 0$ となることに注意する．つまり，誤差 ϵ は傾きを考える 2 点間の距離に比べ無視できるほど小さい．

3.4.3　2 変数関数の全微分

1 変数関数のときを真似て，2 変数関数に対して，微分可能とは $\Delta x, \Delta y$ が 0 に近い値のとき

$$\Delta f = f(a + \Delta x, b + \Delta y) - f(a, b) \approx f_x(a, b)\Delta x + f_y(a, b)\Delta y$$

と定義したい．そこで誤差を ϵ と置き

$$\Delta f = f(a + \Delta x, b + \Delta y) - f(a, b) = f_x(a, b)\Delta x + f_y(a, b)\Delta y + \epsilon,$$
$$\lim_{(\Delta x, \Delta y) \to (0,0)} \frac{\epsilon}{\sqrt{\Delta x^2 + \Delta y^2}} = 0$$

を満たすとき，つまり，誤差が傾きを考える 2 点間の距離に比べ無視できるほど小さいとき，関数 $z = f(x, y)$ は点 (a, b) で全微分可能という．

$(a, b + \Delta y)$　$(a + \Delta x, b + \Delta y)$

(a, b)　$(a + \Delta x, b)$

$$\frac{\epsilon}{\sqrt{(\Delta x)^2 + (\Delta y)^2}} \approx 0$$

(a,b) を (x,y) で書き換え，$\Delta x \to 0$, $\Delta y \to 0$ と極限を取った式を

$$dz = df = f_x\,dx + f_y\,dy = \frac{\partial f}{\partial x}\,dx + \frac{\partial f}{\partial y}\,dy$$

と書き，関数 $z = f(x,y)$ の全微分という．

例 3.4.1. $z = xy$ のとき，$z_x = y$, $z_y = x$ なので $dz = y\,dx + x\,dy$.

例 3.4.2. $z = \sin(2x+y)$ のとき，

$$\begin{aligned} z_x &= \cos(2x+y)\frac{\partial}{\partial x}(2x+y) = 2\cos(2x+y), \\ z_y &= \cos(2x+y)\frac{\partial}{\partial y}(2x+y) = \cos(2x+y) \end{aligned}$$

なので $dz = 2\cos(2x+y)\,dx + \cos(2x+y)\,dy$.

3.4.4 全微分可能性と連続性

1 変数のときと同様に全微分可能ならば連続であることが証明できる．実際，関数 $z = f(x,y)$ が点 (a,b) で全微分可能とすると

$$\begin{aligned} f(a+\Delta x, b+\Delta y) - f(a,b) &= f_x(a,b)\Delta x + f_y(a,b)\Delta y + \epsilon \\ f(a+\Delta x, b+\Delta y) &= f(a,b) + f_x(a,b)\Delta x + f_y(a,b)\Delta y + \epsilon \end{aligned}$$

となるので，Δx, $\Delta y \to 0$ の極限をとれば右辺は $f(a,b)$ となるので，

$$\lim_{\Delta x,\,\Delta y \to 0} f(a+\Delta x, b+\Delta y) = f(a,b).$$

全微分可能性と連続性

関数 $z = f(x,y)$ が点 (a,b) で全微分可能であれば，点 (a,b) で連続である．

3.4.5 全微分と偏微分可能性

偏微分可能でも全微分可能とは限らないが，次の定理が成り立つ．

全微分可能ならば偏微分可能

関数 $z = f(x,y)$ が点 (a,b) で全微分可能ならば点 (a,b) で偏微分可能である．

一般には，全ての方向に方向微分可能でも全微分可能とは限らないが, 次の条件を満たせば全微分可能である．

偏微分可能な関数が全微分可能である条件

関数 $z = f(x, y)$ が点 (a, b) で偏微分可能で，さらにどちらかの偏導関数が点 (a, b) を含むある開区画で存在して点 (a, b) で連続ならば点 (a, b) で全微分可能である．特に 2 つの偏導関数がともに連続ならば全微分可能である．

例 3.4.3. 偏微分可能であるが、全微分可能でない関数の例

$$f(x,y) = \begin{cases} \dfrac{2xy}{x^2+y^2} & (x,y) \neq (0,0) \\ 0 & (x,y) = (0,0) \end{cases}$$

x 軸上，および y 軸上では関数の値は明らかに 0 である．したがって，$f_x(0,0) = f_y(0,0) = 0$．しかし，既に，例 3.2.2 で見た様に，この関数は原点で連続でないので原点では全微分可能ではない．

例 3.4.4. 連続でさらに偏微分可能であるが、全微分可能でない関数の例

$$z = f(x,y) = ||x| - |y|| - |x| - |y|$$

定義通りに原点 $(0,0)$ での x と y についての偏微分係数を求めると

$$f_x(0,0) = \lim_{h \to 0} \frac{f(0+h,0) - f(0,0)}{h} = \lim_{h \to 0} \frac{||h|| - |h|}{h} = \lim_{h \to 0} 0 = 0,$$
$$f_y(0,0) = \lim_{h \to 0} \frac{f(0,0+h) - f(0,0)}{h} = \lim_{h \to 0} \frac{|-|h|| - |h|}{h} = \lim_{h \to 0} 0 = 0.$$

となるので偏微分可能である．

しかし，$\left(\frac{1}{\sqrt{2}}, \frac{1}{\sqrt{2}}\right)$ の方向微分 (ただし，先ずは正の方向からのみを考える) は

$$\lim_{h \to 0+0} \frac{f\left(0 + \frac{1}{\sqrt{2}} \cdot h, 0 + \frac{1}{\sqrt{2}} \cdot h\right) - f(0,0)}{h}$$
$$= \lim_{h \to 0+0} \frac{1}{\sqrt{2}} \cdot \frac{||h| - |h|| - |h| - |h|}{h}$$
$$= \lim_{h \to 0+0} \frac{1}{\sqrt{2}} \cdot \frac{-2|h|}{h} = -\sqrt{2}.$$

同様に $h \to 0 - 0$ のときを考えると $\sqrt{2}$ となる．したがって，$\left(\frac{1}{\sqrt{2}}, \frac{1}{\sqrt{2}}\right)$ の方向微分，つまり，直線 $y = x$ へ制限したときですら微分不可能な関数となっている．したがって，原点では全微分可能ではない．

3.5 合成関数の偏微分

3.5.1 1 変数の合成関数の微分の復習

関数 $y=f(x)$, $x=g(t)$ が，ともに微分可能であるとき，合成関数 $y=f(g(t))$ も微分可能であり

$$y \overset{\frac{dy}{dx}}{\longrightarrow} x \overset{\frac{dx}{dt}}{\longrightarrow} t$$

従属変数　中間の変数　独立変数

$$\frac{dy}{dt}=\frac{dy}{dx}\cdot\frac{dx}{dt}.$$

証明の概略

2 つの微分可能な関数 $y=f(u)$, $u=g(x)$ が与えられたとき，微分の定義より

$$\Delta y \approx f'(u)\Delta u,\quad \Delta u \approx g'(x)\Delta x.$$

したがって，

$$\begin{aligned}\Delta y &\approx f'(u)g'(x)\Delta x = f'(g(x))g'(x)\Delta x,\\ \frac{dy}{dx} &= f'(g(x))g'(x).\end{aligned}$$

3.5.2 2 変数の合成関数の偏微分

関数 $z=f(x,y)$, $x=x(t)$, $y=y(t)$ があるとき $z=f(x(t),y(t))$ は t の関数である．

$z=f(x,y)$ が全微分可能で，$x=x(t)$, $y=y(t)$ が微分可能であるとき，合成関数 $z=f(x(t),y(t))$ も微分可能であり

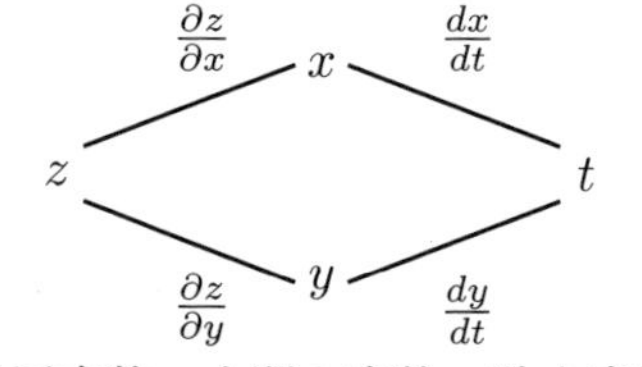

従属変数　中間の変数　独立変数

$$\frac{dz}{dt}=\frac{\partial z}{\partial x}\cdot\frac{dx}{dt}+\frac{\partial z}{\partial y}\cdot\frac{dy}{dt}.$$

注 3.5.1. 合成関数 $z(t)=f(x(t),y(t))$ を微分するとき，間に x, y を挟めて微分する．

証明の概略

全微分可能な関数 $z = f(x, y)$ と 2 つの微分可能な関数 $x = x(t)$, $y = y(t)$ が与えられたとき，定義より

$$\Delta z \approx \frac{\partial z}{\partial x}\Delta x + \frac{\partial z}{\partial y}\Delta y, \quad \Delta x \approx \frac{dx}{dt}\Delta t, \quad \Delta y \approx \frac{dy}{dt}\Delta t.$$

したがって，

$$\begin{aligned}\Delta z &\approx \frac{\partial z}{\partial x} \cdot \frac{dx}{dt}\Delta t + \frac{\partial z}{\partial y} \cdot \frac{dy}{dt}\Delta t = \left(\frac{\partial z}{\partial x} \cdot \frac{dx}{dt} + \frac{\partial z}{\partial y} \cdot \frac{dy}{dt}\right)\Delta t, \\ \frac{dz}{dt} &= \frac{\partial z}{\partial x} \cdot \frac{dx}{dt} + \frac{\partial z}{\partial y} \cdot \frac{dy}{dt}.\end{aligned}$$

例 **3.5.1.** $z = f(x, y)$ が全微分可能で $x = a + ht,\ y = b + kt\,(a,\ b,\ h,\ k$ は定数$)$ のとき，$\dfrac{dx}{dt} = h$, $\dfrac{dy}{dt} = k$ より，

$$\frac{dz}{dt} = \frac{\partial z}{\partial x} \cdot \frac{dx}{dt} + \frac{\partial z}{\partial y} \cdot \frac{dy}{dt} = h\frac{\partial z}{\partial x} + k\frac{\partial z}{\partial y}$$

例 **3.5.2.** $z = xy^2$, $x = \sin t$, $y = \cos t$ のとき

$$\frac{\partial z}{\partial x} = y^2,\ \frac{\partial z}{\partial y} = 2xy,\ \frac{dx}{dt} = \cos t,\ \frac{dy}{dt} = -\sin t$$

なので

$$\frac{dz}{dt} = \frac{\partial z}{\partial x} \cdot \frac{dx}{dt} + \frac{\partial z}{\partial y} \cdot \frac{dy}{dt} = y^2 \cdot \cos t + 2xy(-\sin t) = \cos^3 t - 2\sin^2 t \cos t.$$

もちろん，$x = \sin t$, $y = \cos t$ を $z = xy^2$ に代入してから t について微分しても同じ結果になる．

$$\begin{aligned}\frac{dz}{dt} &= \frac{d}{dt}\left(\sin t \cdot \cos^2 t\right) \\ &= (\sin t)' \cdot \cos^2 t + \sin t \cdot (\cos^2 t)' \\ &= \cos t \cdot \cos^2 t + \sin t \cdot 2\cos t(\cos t)' \\ &= \cos t \cdot \cos^2 t + \sin t \cdot 2\cos t(-\sin t) = \cos^3 t - 2\sin^2 t \cos t.\end{aligned}$$

平面上の変換と 2 変数関数の合成関数の偏微分についても同様な公式を得る．

合成関数の偏微分

全微分可能な関数 $z = f(x, y)$ において，$x = x(s, t)$, $y = y(s, t)$ がいずれも 2 つの変数 s, t について偏微分可能な関数であるとき $z = f(x(s, t), y(s, t))$ は s, t について偏微分可能な関数である．このとき

$$\frac{\partial z}{\partial s} = \frac{\partial z}{\partial x} \cdot \frac{\partial x}{\partial s} + \frac{\partial z}{\partial y} \cdot \frac{\partial y}{\partial s},$$
$$\frac{\partial z}{\partial t} = \frac{\partial z}{\partial x} \cdot \frac{\partial x}{\partial t} + \frac{\partial z}{\partial y} \cdot \frac{\partial y}{\partial t}.$$

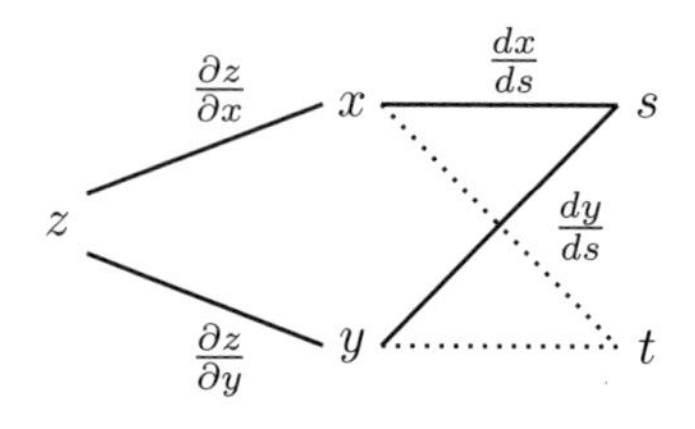

例 **3.5.3.** $z = f(x, y)$ は全微分可能な関数とし，x, y が r, θ の関数で $x = r\cos\theta$, $y = r\sin\theta$ であるとする．このとき次の等式が成り立つことを示せ．

$$\left(\frac{\partial z}{\partial x}\right)^2 + \left(\frac{\partial z}{\partial y}\right)^2 = \left(\frac{\partial z}{\partial r}\right)^2 + \frac{1}{r^2}\left(\frac{\partial z}{\partial \theta}\right)^2$$

$z = f(x, y) = f(r\cos\theta, r\sin\theta)$ を r について偏微分すると

$$\frac{\partial z}{\partial r} = \frac{\partial z}{\partial x} \cdot \frac{\partial x}{\partial r} + \frac{\partial z}{\partial y} \cdot \frac{\partial y}{\partial r} = \frac{\partial z}{\partial x} \cdot \cos\theta + \frac{\partial z}{\partial y} \cdot \sin\theta$$
$$\left(\frac{\partial z}{\partial r}\right)^2 = \left(\frac{\partial z}{\partial x} \cdot \cos\theta + \frac{\partial z}{\partial y} \cdot \sin\theta\right)^2$$
$$= \left(\frac{\partial z}{\partial x}\right)^2 \cdot \cos^2\theta + 2\frac{\partial z}{\partial x} \cdot \frac{\partial z}{\partial y}\cos\theta\sin\theta + \left(\frac{\partial z}{\partial y}\right)^2 \cdot \sin^2\theta$$

$z = f(x, y) = f(r\cos\theta, r\sin\theta)$ を θ について偏微分すると

$$\frac{\partial z}{\partial \theta} = \frac{\partial z}{\partial x} \cdot \frac{\partial x}{\partial \theta} + \frac{\partial z}{\partial y} \cdot \frac{\partial y}{\partial \theta} = \frac{\partial z}{\partial x} \cdot (-r\sin\theta) + \frac{\partial z}{\partial y} \cdot r\cos\theta$$
$$\left(\frac{\partial z}{\partial \theta}\right)^2 = \left\{\frac{\partial z}{\partial x} \cdot (-r\sin\theta) + \frac{\partial z}{\partial y} \cdot r\cos\theta\right\}^2$$
$$= \left(\frac{\partial z}{\partial x}\right)^2 \cdot r^2\sin^2\theta - 2r^2\frac{\partial z}{\partial x} \cdot \frac{\partial z}{\partial y}\cos\theta\sin\theta + \left(\frac{\partial z}{\partial y}\right)^2 \cdot r^2\cos^2\theta$$
$$\frac{1}{r^2}\left(\frac{\partial z}{\partial \theta}\right)^2 = \left(\frac{\partial z}{\partial x}\right)^2 \cdot \sin^2\theta - 2\frac{\partial z}{\partial x} \cdot \frac{\partial z}{\partial y}\cos\theta\sin\theta + \left(\frac{\partial z}{\partial y}\right)^2 \cdot \cos^2\theta$$

$\cos^2\theta + \sin^2\theta = 1$ に注意して上の 2 つの式を足し合わせれば，求める式を得る．

例 3.5.4. $z=f(x,y)$ が全微分可能な関数で，$x=e^u\cos v$, $y=e^u\sin v$ のとき，$\dfrac{\partial z}{\partial u}$, $\dfrac{\partial z}{\partial v}$ を u, v, $\dfrac{\partial z}{\partial x}$, $\dfrac{\partial z}{\partial y}$ を用いて表せ．また，逆に $\dfrac{\partial z}{\partial x}$, $\dfrac{\partial z}{\partial y}$ を u, v, $\dfrac{\partial z}{\partial u}$, $\dfrac{\partial z}{\partial v}$ を用いて表せ．

$$\frac{\partial z}{\partial u}=\frac{\partial z}{\partial x}\cdot\frac{\partial x}{\partial u}+\frac{\partial z}{\partial y}\cdot\frac{\partial y}{\partial u}=\frac{\partial z}{\partial x}e^u\cos v+\frac{\partial z}{\partial y}e^u\sin v,$$
$$\frac{\partial z}{\partial v}=\frac{\partial z}{\partial x}\cdot\frac{\partial x}{\partial v}+\frac{\partial z}{\partial y}\cdot\frac{\partial y}{\partial v}=\frac{\partial z}{\partial x}(-e^u\sin v)+\frac{\partial z}{\partial y}e^u\cos v=-\frac{\partial z}{\partial x}e^u\sin v+\frac{\partial z}{\partial y}e^u\cos v$$

となるが，これを行列を使って書くと

$$\begin{pmatrix}\dfrac{\partial z}{\partial u}\\[2ex]\dfrac{\partial z}{\partial v}\end{pmatrix}=e^u\begin{pmatrix}\cos v & \sin v\\ -\sin v & \cos v\end{pmatrix}\begin{pmatrix}\dfrac{\partial z}{\partial x}\\[2ex]\dfrac{\partial z}{\partial y}\end{pmatrix}.$$

したがって，

$$\begin{pmatrix}\dfrac{\partial z}{\partial x}\\[2ex]\dfrac{\partial z}{\partial y}\end{pmatrix}=e^{-u}\begin{pmatrix}\cos v & -\sin v\\ \sin v & \cos v\end{pmatrix}\begin{pmatrix}\dfrac{\partial z}{\partial u}\\[2ex]\dfrac{\partial z}{\partial v}\end{pmatrix}.$$

注 3.5.2. ここで行列 $\begin{pmatrix}\cos v & \sin v\\ -\sin v & \cos v\end{pmatrix}$ は原点中心の角 $(-v)$ の回転行列を表しているので逆行列は角 v の回転行列になる．もちろん，それに気づかなくても行列式を計算すれば $\cos^2 v+\sin^2 v=1\neq 0$ となるので逆行列が存在し，それが上の行列になることが計算できる．

例 3.5.5. 関数 $z=f(x,y)$ の等高線 $C_k=\{(x,y):f(x,y)=k\}$ を考える．このとき，等高線が $x=x(t)$, $y=y(t)$ と媒介変数表示されたら $f(x(t),y(t))=k$ となる．

両辺を t で微分すると

$$\frac{\partial f}{\partial x}\cdot\frac{dx}{dt}+\frac{\partial f}{\partial y}\cdot\frac{dy}{dt}=0$$

となる．したがって，等高線の接ベクトル $\left(\dfrac{dx}{dt},\dfrac{dy}{dt}\right)$ と勾配 grad f は直交する．よって，等高線に垂直な方向が一番急になる．

3.6 行列と全微分

3.6.1 線形写像

n 次元ベクトル $\begin{pmatrix} x_1 \\ \vdots \\ x_n \end{pmatrix} \in \mathbb{R}^n$ に $m \times n$ 行列 Λ を掛けると m 次元ベクトル $\begin{pmatrix} z_1 \\ \vdots \\ z_m \end{pmatrix} = \Lambda \begin{pmatrix} x_1 \\ \vdots \\ x_n \end{pmatrix} \in \mathbb{R}^m$ となるので，$m \times n$ 行列 Λ は $\mathbb{R}^n$ から $\mathbb{R}^m$ への写像を定める．この写像を行列 Λ が定める線形写像 T_Λ といった．

例 3.6.1. 2×1 行列 $A = \begin{pmatrix} 2 & 1 \end{pmatrix}$ は $\mathbb{R}^2$ から $\mathbb{R}^1$ への写像を定める．

$$\begin{pmatrix} x \\ y \end{pmatrix} \longmapsto z = \begin{pmatrix} 2 & 1 \end{pmatrix} \begin{pmatrix} x \\ y \end{pmatrix} = 2x + y$$

例 3.6.2. 2×2 行列 $B = \begin{pmatrix} 2 & 1 \\ 1 & -3 \end{pmatrix}$ は $\mathbb{R}^2$ から $\mathbb{R}^2$ への写像を定める．

$$\begin{pmatrix} x \\ y \end{pmatrix} \longmapsto \begin{pmatrix} z_1 \\ z_2 \end{pmatrix} = \begin{pmatrix} 2 & 1 \\ 1 & -3 \end{pmatrix} \begin{pmatrix} x \\ y \end{pmatrix} = \begin{pmatrix} 2x + y \\ x - 3y \end{pmatrix}$$

3.6.2 行列と全微分

1 変数関数 $y = f(x)$ が $x = a$ で微分可能で，$x = a$ での微分係数が $f'(a)$ であるとは

$$\lim_{h \to 0} \frac{f(a+h) - f(a)}{h} = f'(a)$$

が成り立つことであった．ここで右辺を左辺に移項した式を考えると

$$\lim_{h \to 0} \frac{f(a+h) - f(a) - f'(a)h}{h} = 0.$$

そこで，写像 $\boldsymbol{z} = f(\boldsymbol{x})$ が $\boldsymbol{x} \in \mathbb{R}^n$ から $\boldsymbol{z} \in \mathbb{R}^m$ への写像とするとき，点 $\boldsymbol{a} \in \mathbb{R}^n$ で全微分可能とは

$$\lim_{\boldsymbol{h} \to \boldsymbol{0}} \frac{|f(\boldsymbol{a} + \boldsymbol{h}) - f(\boldsymbol{a}) - \Lambda \boldsymbol{h}|}{|\boldsymbol{h}|} = 0.$$

となる $m \times n$ 行列 Λ が存在することと定義する．ただし，

$$\boldsymbol{a} = \begin{pmatrix} a_1 \\ \vdots \\ a_n \end{pmatrix}, \boldsymbol{h} = \begin{pmatrix} h_1 \\ \vdots \\ h_n \end{pmatrix} \in \mathbb{R}^n, \ |\boldsymbol{z}| = \left| \begin{pmatrix} z_1 \\ \vdots \\ z_m \end{pmatrix} \right| = \sqrt{z_1^2 + \cdots + z_m^2}.$$

そして Λ のことを f の微分といい，Df と表すことがある．

また，$|\boldsymbol{h}|$ が 0 に近いところでは左辺が 0 で近似できるので

$$\begin{aligned} \frac{|f(\boldsymbol{a}+\boldsymbol{h}) - f(\boldsymbol{a}) - \Lambda \boldsymbol{h}|}{|\boldsymbol{h}|} &\approx 0 \\ |f(\boldsymbol{a}+\boldsymbol{h}) - f(\boldsymbol{a}) - \Lambda \boldsymbol{h}| &\approx 0 \\ f(\boldsymbol{a}+\boldsymbol{h}) - f(\boldsymbol{a}) &\approx \Lambda \boldsymbol{h}. \end{aligned}$$

つまり，全微分可能とは f の変位 $\Delta f = f(\boldsymbol{a}+\boldsymbol{h}) - f(\boldsymbol{a})$ が行列から定まる線形写像 $\boldsymbol{z} = \Lambda \boldsymbol{h}$ で近似できることをいう．

例 3.6.3. 2 変数関数 $z = f(x, y)$ が点 (a, b) で全微分可能とは

$$\lim_{(h_1,h_2)\to\boldsymbol{0}} \frac{\left| f(a+h_1, b+h_2) - f(a,b) - \begin{pmatrix} \lambda_1 & \lambda_2 \end{pmatrix} \begin{pmatrix} h_1 \\ h_2 \end{pmatrix} \right|}{\sqrt{h_1^2 + h_2^2}} = 0$$

が成り立つことである．

ここで (h_1, h_2) の原点 $(0, 0)$ への近づき方として x 軸に沿って近づく場合を考える．つまり，$h_2 = 0$, $h_1 \to 0$ として近づく場合を考えると

$$\begin{aligned} &\lim_{h_1\to 0,\, h_2=0} \frac{\left| f(a+h_1, b+h_2) - f(a,b) - \begin{pmatrix} \lambda_1 & \lambda_2 \end{pmatrix} \begin{pmatrix} h_1 \\ h_2 \end{pmatrix} \right|}{\sqrt{h_1^2 + h_2^2}} \\ &= \lim_{h_1\to 0} \frac{\left| f(a+h_1, b) - f(a,b) - \begin{pmatrix} \lambda_1 & \lambda_2 \end{pmatrix} \begin{pmatrix} h_1 \\ 0 \end{pmatrix} \right|}{\sqrt{h_1^2}} \\ &= \lim_{h_1\to 0} \left| \frac{f(a+h_1, b) - f(a,b) - \lambda_1 h_1}{h_1} \right| = 0 \end{aligned}$$

となるので $\lambda_1 = \dfrac{\partial f}{\partial x}(a, b)$ であることがわかる．

同様に，y 軸に沿って原点に近づく近づき方を考えると $\lambda_2 = \dfrac{\partial f}{\partial y}(a, b)$ であることがわかる．

したがって，

$$Df = \begin{pmatrix} \dfrac{\partial f}{\partial x} & \dfrac{\partial f}{\partial y} \end{pmatrix}.$$

例 3.6.4. 今度は $\begin{pmatrix} x \\ y \end{pmatrix} \in \mathbb{R}^2$ から $\begin{pmatrix} z_1 \\ z_2 \end{pmatrix} \in \mathbb{R}^2$ への写像

$$f : \begin{pmatrix} z_1 \\ z_2 \end{pmatrix} = \begin{pmatrix} f_1(x, y) \\ f_2(x, y) \end{pmatrix}$$

の微分 Df を求める．

$$\sqrt{z_1^2 + z_2^2} \to 0 \iff z_1,\ z_2 \to 0$$

となるので z_1 と z_2 を別々に考えてもよい．$Df_i = \begin{pmatrix} \dfrac{\partial f_i}{\partial x} & \dfrac{\partial f_i}{\partial y} \end{pmatrix}$ $(i = 1,\ 2)$ となるので

$$Df = \begin{pmatrix} Df_1 \\ Df_2 \end{pmatrix} = \begin{pmatrix} \dfrac{\partial f_1}{\partial x} & \dfrac{\partial f_1}{\partial y} \\ \dfrac{\partial f_2}{\partial x} & \dfrac{\partial f_2}{\partial y} \end{pmatrix}.$$

3.6.3 合成写像の微分と行列

ここでもう一度，合成関数の全微分について行列を使って考え直す．

写像 $\boldsymbol{y} = g(\boldsymbol{x})$ を $\boldsymbol{x} \in \mathbb{R}^l$ から $\boldsymbol{y} \in \mathbb{R}^m$ への写像，$\boldsymbol{z} = f(\boldsymbol{y})$ を $\boldsymbol{y} \in \mathbb{R}^m$ から $\boldsymbol{z} \in \mathbb{R}^n$ への写像とするとき，合成写像 $\boldsymbol{z} = f \circ g(\boldsymbol{x})$ は $\boldsymbol{x} \in \mathbb{R}^l$ から $\boldsymbol{z} \in \mathbb{R}^n$ への写像になる．そして，この合成写像の微分を考える．

このとき

$$\Delta z = \Delta f \approx \Lambda_f \Delta y, \quad \Delta y = \Delta g \approx \Lambda_g \Delta x$$

と近似出来たとすると

$$\Delta z = \Delta(f \circ g) \approx \Lambda_f \Lambda_g \Delta x$$

となる．

平行移動を無視して説明すれば，$\boldsymbol{y} = g(\boldsymbol{x})$ が線形写像 $\boldsymbol{y} = \Lambda_g \boldsymbol{x}$ で，$\boldsymbol{z} = f(\boldsymbol{y})$ が線形写像 $\boldsymbol{z} = \Lambda_f \boldsymbol{y}$ で近似できるならば合成関数 $\boldsymbol{z} = f \circ g(\boldsymbol{x})$ が 2 つの線形写像の合成 $\boldsymbol{z} = \Lambda_f \Lambda_g \boldsymbol{x}$ で近似できることを示している．つまり，

$$D(f \circ g) = Df \cdot Dg.$$

3.6.4 逆写像の微分と行列

U, V を $\mathbb{R}^n$ の開集合としたとき，U から V への全単射な C^1 級写像 $f : U \to V$ が U の任意の点 $\boldsymbol{x}$ で $\det(Df(\boldsymbol{x})) \neq 0$ ならば逆写像 f^{-1} も V 上全微分可能であり，C^1 級である．ただし，行列 M に対して，$\det(M)$ で行列式を表す．

さらに，$\Delta(f^{-1})$ は $Df = \Lambda_f$ の逆行列で近似できる．つまり，$D(f^{-1}) = (Df)^{-1}$ となる．ここで，定義域も値域も同じ次元であることに注意する．

微分可能性等が成り立つと仮定すれば，$D(f^{-1})$ と Df の関係は直ぐに出てくる．逆写像の定義より

$$f^{-1} \circ f = \mathrm{id}_U$$

である．ただし，id_U は U 上の恒等写像である．ここで両辺を合成写像の微分の公式を使って微分すれば

$$\begin{aligned} D(f^{-1} \circ f) &= D(\mathrm{id}_U) \\ D(f^{-1}) \cdot Df &= E \end{aligned}$$

となる．ただし，行列 E は n 次の単位行列である．したがって，$D(f^{-1})$ は Df の逆行列である．式で表せば

$$D(f^{-1}) = (Df)^{-1}.$$

例 **3.6.5.** $U = \{(x, y) : -1 < x + 2y < 1,\ 0 < x - y < 2\}$, $V = \{(s, t) : -1 < s < 1,\ 0 < t < 2\}$ とする．このとき，U から V への写像 f を $(x, y) \to (s, t) = (x+2y, x-y)$ と定義する．$D(f^{-1})$ を求めよ．

$Df = \begin{pmatrix} 1 & 2 \\ 1 & -1 \end{pmatrix}$ となるので，

$$D(f^{-1}) = \begin{pmatrix} 1 & 2 \\ 1 & -1 \end{pmatrix}^{-1} = \frac{1}{-1-2}\begin{pmatrix} -1 & -2 \\ -1 & 1 \end{pmatrix} = \frac{1}{3}\begin{pmatrix} 1 & 2 \\ 1 & -1 \end{pmatrix}.$$

もちろん，x, y について解いて逆写像を求めてもよい．

$$x = \frac{1}{3}s + \frac{2}{3}t,\ y = \frac{1}{3}s - \frac{1}{3}t$$

となるので

$$D(f^{-1}) = \frac{1}{3}\begin{pmatrix} 1 & 2 \\ 1 & -1 \end{pmatrix}.$$

3.7 合成関数の微分の計算例

例 3.7.1. $z = f(x,y) = x^2 + y^2$, $x(s,t) = s\cos t$, $y(s,t) = e^{st}$ とするとき，$\dfrac{\partial f}{\partial s}, \dfrac{\partial f}{\partial t}$ を求めよ．

代入して合成関数を求めると $f(x(s,t), y(s,t)) = s^2\cos^2 t + e^{2st}$ となるので

$$
\begin{aligned}
\frac{\partial f}{\partial s} &= \left\{\frac{\partial}{\partial s}(s^2)\right\}\cdot\cos^2 t + e^{2st}\cdot\left\{\frac{\partial}{\partial s}(2st)\right\} \\
&= 2s\cos^2 t + 2te^{2st}, \\
\frac{\partial f}{\partial t} &= s^2\cdot\left\{\frac{\partial}{\partial t}(\cos^2 t)\right\} + e^{2st}\cdot\left\{\frac{\partial}{\partial t}(2st)\right\} \\
&= s^2\cdot 2\cos t\cdot\left\{\frac{\partial}{\partial t}(\cos t)\right\} + e^{2st}\cdot\left\{\frac{\partial}{\partial t}(2st)\right\} \\
&= -2s^2\cos t\sin t + 2se^{2st}.
\end{aligned}
$$

今度は合成関数の偏微分の公式を使う．

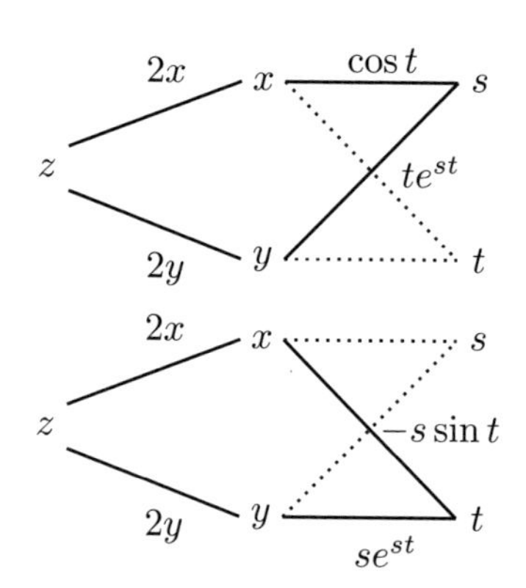

$$
\begin{aligned}
&\frac{\partial f}{\partial x} = 2x, \quad \frac{\partial f}{\partial y} = 2y, \\
&\frac{\partial x}{\partial s} = \cos t, \quad \frac{\partial x}{\partial t} = -s\sin t, \\
&\frac{\partial y}{\partial s} = te^{st}, \quad \frac{\partial y}{\partial t} = se^{st}
\end{aligned}
$$

となるので

$$
\begin{aligned}
\frac{\partial f}{\partial s} &= \frac{\partial f}{\partial x}\cdot\frac{\partial x}{\partial s} + \frac{\partial f}{\partial y}\cdot\frac{\partial y}{\partial s} \\
&= 2x\cdot\cos t + 2y\cdot te^{st} \\
&= 2s\cos t\cdot\cos t + 2e^{st}\cdot te^{st} \\
&= 2s\cos^2 t + 2te^{2st}, \\
\frac{\partial f}{\partial t} &= \frac{\partial f}{\partial x}\cdot\frac{\partial x}{\partial t} + \frac{\partial f}{\partial y}\cdot\frac{\partial y}{\partial t} \\
&= 2x\cdot(-s\sin t) + 2y\cdot se^{st} \\
&= 2s\cos t\cdot(-s\sin t) + 2e^{st}\cdot se^{st} \\
&= -2s^2\cos t\sin t + 2se^{2st}.
\end{aligned}
$$

次は行列を使って求める.

$$\begin{pmatrix} \dfrac{\partial f}{\partial x} & \dfrac{\partial f}{\partial y} \end{pmatrix} = \begin{pmatrix} 2x & 2y \end{pmatrix}, \begin{pmatrix} \dfrac{\partial x}{\partial s} & \dfrac{\partial x}{\partial t} \\ \\ \dfrac{\partial y}{\partial s} & \dfrac{\partial y}{\partial t} \end{pmatrix} = \begin{pmatrix} \cos t & -s\sin t \\ te^{st} & se^{st} \end{pmatrix}$$

となるので

$$\begin{aligned} \begin{pmatrix} \dfrac{\partial f}{\partial s} & \dfrac{\partial f}{\partial t} \end{pmatrix} &= \begin{pmatrix} 2x & 2y \end{pmatrix} \begin{pmatrix} \cos t & -s\sin t \\ te^{st} & se^{st} \end{pmatrix} \\ &= \begin{pmatrix} 2x\cdot\cos t + 2y\cdot te^{st} & 2x\cdot(-s\sin t) + 2y\cdot se^{st} \end{pmatrix} \\ &= \begin{pmatrix} 2s\cos^2 t + 2te^{2st} & -2s^2\cos t\sin t + 2se^{2st} \end{pmatrix}. \end{aligned}$$

例 3.7.2. $z = f(x,y) = \sin(xy)$, $x(s,t) = s+t$, $y(s,t) = s^2+t^2$ とするとき，$\dfrac{\partial f}{\partial s}, \dfrac{\partial f}{\partial t}$ を求めよ.

代入して合成関数を求めると

$$f(x(s,t), y(s,t)) = \sin\big((s+t)(s^2+t^2)\big) = \sin(s^3+s^2t+st^2+t^3)$$

となるので

$$\begin{aligned} \frac{\partial f}{\partial s} &= \cos(s^3+s^2t+st^2+t^3)\cdot\frac{\partial}{\partial s}(s^3+s^2t+st^2+t^3) \\ &= (3s^2+2st+t^2)\cos(s^3+s^2t+st^2+t^3), \\ \frac{\partial f}{\partial t} &= \cos(s^3+s^2t+st^2+t^3)\cdot\frac{\partial}{\partial t}(s^3+s^2t+st^2+t^3) \\ &= (s^2+2st+3t^2)\cos(s^3+s^2t+st^2+t^3). \end{aligned}$$

今度は合成関数の偏微分の公式を使う.

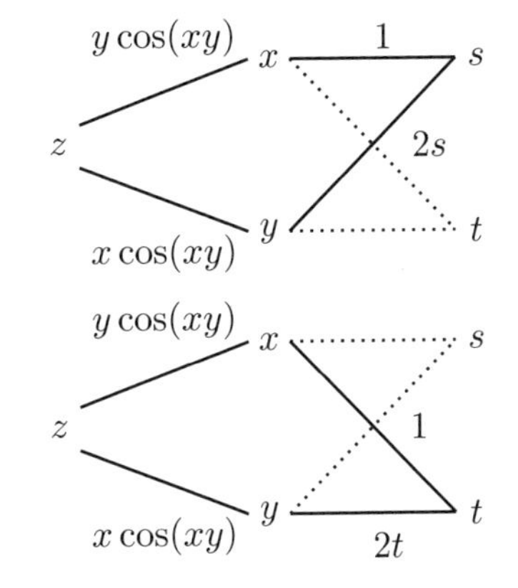

$$\begin{aligned} \frac{\partial f}{\partial x} &= y\cos(xy), & \frac{\partial f}{\partial y} &= x\cos(xy), \\ \frac{\partial x}{\partial s} &= 1, & \frac{\partial x}{\partial t} &= 1, \\ \frac{\partial y}{\partial s} &= 2s, & \frac{\partial y}{\partial t} &= 2t \end{aligned}$$

となるので

$$\begin{aligned}
\frac{\partial f}{\partial s} &= \frac{\partial f}{\partial x} \cdot \frac{\partial x}{\partial s} + \frac{\partial f}{\partial y} \cdot \frac{\partial y}{\partial s} \\
&= y\cos(xy) \cdot 1 + x\cos(xy) \cdot 2s \\
&= (y + 2sx)\cos(xy) \\
&= (3s^2 + 2st + t^2)\cos(s^3 + s^2t + st^2 + t^3), \\
\frac{\partial f}{\partial t} &= \frac{\partial f}{\partial x} \cdot \frac{\partial x}{\partial t} + \frac{\partial f}{\partial y} \cdot \frac{\partial y}{\partial t} \\
&= y\cos(xy) \cdot 1 + x\cos(xy) \cdot 2t \\
&= (y + 2tx)\cos(xy) \\
&= (s^2 + 2st + 3t^2)\cos(s^3 + s^2t + st^2 + t^3).
\end{aligned}$$

次は行列を使って求める.

$$\begin{pmatrix} \dfrac{\partial f}{\partial x} & \dfrac{\partial f}{\partial y} \end{pmatrix} = \begin{pmatrix} y\cos(xy) & x\cos(xy) \end{pmatrix}, \quad \begin{pmatrix} \dfrac{\partial x}{\partial s} & \dfrac{\partial x}{\partial t} \\ \dfrac{\partial y}{\partial s} & \dfrac{\partial y}{\partial t} \end{pmatrix} = \begin{pmatrix} 1 & 1 \\ 2s & 2t \end{pmatrix}$$

となるので

$$\begin{aligned}
&\begin{pmatrix} \dfrac{\partial f}{\partial s} & \dfrac{\partial f}{\partial t} \end{pmatrix} \\
&= \begin{pmatrix} y\cos(xy) & x\cos(xy) \end{pmatrix} \begin{pmatrix} 1 & 1 \\ 2s & 2t \end{pmatrix} \\
&= \begin{pmatrix} y\cos(xy) \cdot 1 + x\cos(xy) \cdot 2s & y\cos(xy) \cdot 1 + x\cos(xy) \cdot 2t \end{pmatrix} \\
&= \begin{pmatrix} (3s^2 + 2st + t^2)\cos(s^3 + s^2t + st^2 + t^3) & (s^2 + 2st + 3t^2)\cos(s^3 + s^2t + st^2 + t^3) \end{pmatrix}.
\end{aligned}$$

3.8 接平面

3.8.1 接線の方程式の復習

関数 $y=f(x)$ が与えられたとき $x=a$ での微分係数は

$$f'(a)=\lim_{\Delta x\to 0}\frac{f(a+\Delta x)-f(a)}{\Delta x}$$

で定義された．Δx が 0 に近い値のとき左辺と右辺がほぼ等しいということなので

$$f'(a)\approx\frac{f(a+\Delta x)-f(a)}{\Delta x}$$
$$f(a+\Delta x)\approx f'(a)\Delta x+f(a)$$

Δx は a からの変位なので $(x-a)$ で置き換えると

$$f(x)\approx f'(a)(x-a)+f(a)$$

となる．そして，右辺で定義される 1 次関数 $y=f'(a)(x-a)+f(a)$ が定める直線を接線とよんだ．x が a に近いところでは関数 $y=f(x)$ の値を接線 $y=f'(a)(x-a)+f(a)$ での値で近似できることを表している．

3.8.2 接平面の方程式

関数 $z=f(x,y)$ が点 (a,b) で全微分可能ならば

$$f(a+\Delta x,b+\Delta x)-f(a,b)\approx f_x(a,b)\Delta x+f_y(a,b)\Delta y$$
$$f(a+\Delta x,b+\Delta x)\approx f_x(a,b)\Delta x+f_y(a,b)\Delta y+f(a,b)$$

となっていた．

1 変数のときと同様に Δx を $(x-a)$ で，Δy を $(y-b)$ で置き換える．そして，右辺で定義される 1 次関数 $z=f_x(a,b)(x-a)+f_y(a,b)(y-b)+f(a,b)$ が定める平面を接平面という．また，点 (x,y) が (a,b) に近いところでは関数 $z=f(x,y)$ の値を接平面 $z=f_x(a,b)(x-a)+f_y(a,b)(y-b)+f(a,b)$ での値で近似できる．

注 3.8.1. 点 (a,b,c) を通る x 軸方向の傾きが α, y 軸方向の傾きが β の平面の方程式は $z=\alpha(x-a)+\beta(y-b)+c$ であったので，接平面は x 軸方向の傾きが $f_x(a,b)$, y 軸方向の傾きが $f_y(a,b)$ の平面であることに注意する．

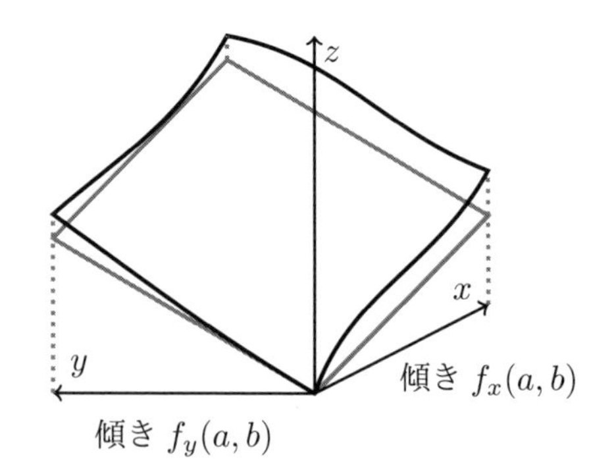

例 3.8.1. 曲面 $z=xy$ 上の点 $(2,3,6)$ における接平面の方程式を求めよ。

$z_x=y$, $z_y=x$ となるので，$z_x(2,3)=3$, $z_y(2,3)=2$ となる．したがって，求める接平面の方程式は

$$z=3(x-2)+2(y-3)+6$$
$$z=3x+2y-6.$$

例 3.8.2. 曲面 $z=\sqrt{8-x^2-y^2}$ 上の点 $(1,\sqrt{3})$ に対応する曲面上の点における接平面の方程式を求めよ．

$z=(8-x^2-y^2)^{\frac{1}{2}}$ と書けるので

$$\begin{aligned} z_x &= \frac{1}{2}(8-x^2-y^2)^{-\frac{1}{2}}\frac{\partial}{\partial x}(8-x^2-y^2) \\ &= \frac{1}{2}(8-x^2-y^2)^{-\frac{1}{2}}(-2x) \\ &= -\frac{x}{\sqrt{8-x^2-y^2}}. \end{aligned}$$

同様に計算すると $z_y=-\dfrac{y}{\sqrt{8-x^2-y^2}}$.

点 $(1,\sqrt{3})$ に対応する曲面上の点の z 座標は

$$z=\sqrt{8-1-3}=2.$$

偏微分係数は

$$z_x(1,\sqrt{3})=-\frac{1}{\sqrt{8-1-3}}=-\frac{1}{2},\ z_y(1,\sqrt{3})=-\frac{\sqrt{3}}{\sqrt{8-1-3}}=-\frac{\sqrt{3}}{2}$$

となるので，求める接平面の方程式は

$$z=-\frac{1}{2}(x-1)-\frac{\sqrt{3}}{2}(y-\sqrt{3})+2$$
$$z=-\frac{1}{2}x-\frac{\sqrt{3}}{2}y+4.$$

3.9 陰関数と接平面

3.9.1 陰関数

$x^2+y^2-1=0$ の様に，変数 x と y との間に方程式

$$f(x,y)=0$$

で与えられた関係があったとする．このとき，定義域と値域を適当に制限すると y が x の関数として表されることがある．この関数を方程式 $f(x,y)=0$ から定まる陰関数という．

例 3.9.1. 方程式 $x^2+y^2-1=0$ は原点中心の半径 1 の円を表す．

$-1 \leqq x \leqq 1$, $y \geqq 0$ とすると，1 つの x の値に対し，y の値が 1 つ定まるから，y は x の関数である．

実際，

$$y=\sqrt{1-x^2}$$

という陰関数を定める．

$-1 \leqq x \leqq 1$, $y \leqq 0$ とすると，同様に

$$y=-\sqrt{1-x^2}$$

という陰関数を定める．

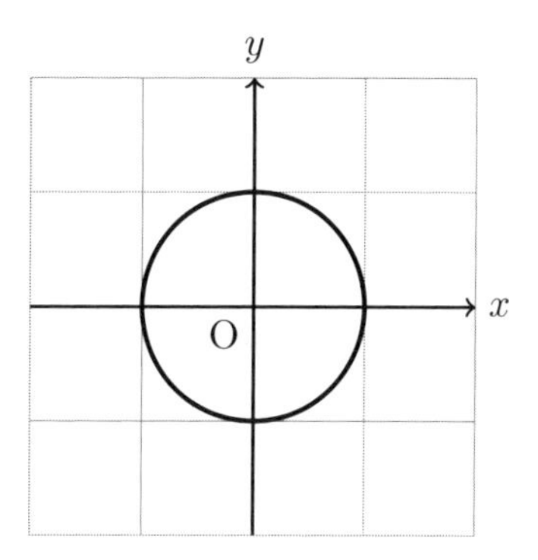

3.9.2 陰関数の微分

陰関数 $f(x,y)=0$ が与えられたとき，"$y=$" という形に変形しなくても導関数 $y'=\dfrac{dy}{dx}$ を求めることができる．

> 陰関数の微分の計算
>
> - Step 1: y を x の関数だと思って両辺を微分する．
> - Step 2: $y'\left(=\dfrac{dy}{dx}\right)$ について解く．

例 **3.9.2.** $x^2+y^2=1$ を微分する.

$$\begin{aligned} 2x+2y\frac{dy}{dx}&=0\\ x+y\frac{dy}{dx}&=0\\ \frac{dy}{dx}&=-\frac{x}{y}. \end{aligned}$$

一般に,

$$\begin{aligned} f(x,y)&=0\\ f_x\frac{dx}{dx}+f_y\frac{dy}{dx}&=0\\ f_x+f_y\frac{dy}{dx}&=0. \end{aligned}$$

したがって，$f_y\neq 0$ のとき,

$$\frac{dy}{dx}=-\frac{f_x}{f_y}.$$

例 **3.9.3.** $f(x,y)=x^3+y^3-3xy+2=0$ のとき，導関数 $y'=\dfrac{dy}{dx}$ を求めよ.

$$\begin{aligned} x^3+y^3-3xy+2&=0\\ 3x^2+3y^2y'-3(y+xy')+0&=0\\ x^2+y^2y'-y-xy'&=0\\ (x^2-y)+(y^2-x)y'&=0\\ y'&=-\frac{x^2-y}{y^2-x} \end{aligned}$$

または，公式を使えば，$f_x=3x^2-3y=3(x^2-y)$, $f_y=3y^2-3x=3(y^2-x)$ より,

$$\frac{dy}{dx}=-\frac{f_x}{f_y}=-\frac{3(x^2-y)}{3(y^2-x)}=-\frac{x^2-y}{y^2-x}.$$

3 変数の関係式 $f(x,y,z)=0$ が与えられたときも，"$z=$" という形に変形しなくても偏導関数 z_x, z_y を求めることができる.

両辺を x について偏微分すれば,

$$\begin{aligned} f(x,y,z)&=0\\ f_x\frac{\partial x}{\partial x}+f_y\frac{\partial y}{\partial x}+f_z\frac{\partial z}{\partial x}&=0\\ f_x+f_z\frac{\partial z}{\partial x}&=0. \end{aligned}$$

したがって，$f_z \neq 0$ のとき，

$$\frac{\partial z}{\partial x} = -\frac{f_x}{f_z}.$$

注 3.9.1. ここで，x, y は独立変数だと思っているので $\dfrac{\partial y}{\partial x} = 0$ であることに注意する．

$\dfrac{\partial z}{\partial y}$ も同様に，$f_z \neq 0$ のとき，$\dfrac{\partial z}{\partial y} = -\dfrac{f_y}{f_z}$.

陰関数の偏導関数

関係式 $f(x, y, z) = 0$ が与えられたとき，偏導関数 $\dfrac{\partial z}{\partial x}, \dfrac{\partial z}{\partial y}$ は $f_z \neq 0$ のところでは次の式で与えられる．

$$\frac{\partial z}{\partial x} = -\frac{f_x}{f_z}, \ \frac{\partial z}{\partial y} = -\frac{f_y}{f_z}$$

例 3.9.4. $f(x, y, z) = x^2 + y^2 + z^2 - 1 = 0$ が与えられたとき，

$$f_x = 2x, \ f_y = 2y, \ f_z = 2z$$

となるので $z \neq 0$ のとき，

$$\frac{\partial z}{\partial x} = -\frac{f_x}{f_z} = -\frac{2x}{2z} = -\frac{x}{z}, \ \frac{\partial z}{\partial y} = -\frac{f_y}{f_z} = -\frac{2y}{2z} = -\frac{y}{z}.$$

3.9.3 曲面 $f(x, y, z) = 0$ の接平面の方程式

曲面 $z = g(x, y)$ の曲面上の点 (a, b, c) における接平面の方程式は

$$z - c = g_x(a, b)(x - a) + g_y(a, b)(y - b)$$

と表されていた．ただし，ここで $c = g(a, b)$ であった．

曲面 $f(x, y, z) = 0$ が曲面上の点 (a, b, c) の近くで $z = g(x, y)$ という陰関数を定めていたとしよう．このとき，$g_x = -\dfrac{f_x}{f_z}$, $g_y = -\dfrac{f_y}{f_z}$ となるので曲面 $f(x, y, z) = 0$ の曲面上の点 (a, b, c) における接平面の方程式は

$$\begin{aligned}
z - c &= g_x(a, b)(x - a) + g_y(a, b)(y - b) \\
z - c &= -\frac{f_x(a, b, c)}{f_z(a, b, c)}(x - a) - \frac{f_y(a, b, c)}{f_z(a, b, c)}(y - b) \\
f_z(a, b, c)(z - c) &= -f_x(a, b, c)(x - a) - f_y(a, b, c)(y - b)
\end{aligned}$$

$$f_x(a, b, c)(x - a) + f_y(a, b, c)(y - b) + f_z(a, b, c)(z - c) = 0$$

と表される．

曲面 $f(x,y,z)=0$ の曲面上の点 (a,b,c) における接平面の方程式

曲面 $f(x,y,z)=0$ 上の点 (a,b,c) における接平面の方程式は

$$f_x(a,b,c)(x-a)+f_y(a,b,c)(y-b)+f_z(a,b,c)(z-c)=0$$

で表される．

注 3.9.2. $\operatorname{grad} f=(f_x(a,b,c),f_y(a,b,c),f_z(a,b,c))$ が点 (a,b,c) における接平面の法線ベクトルになっていることに注意する．

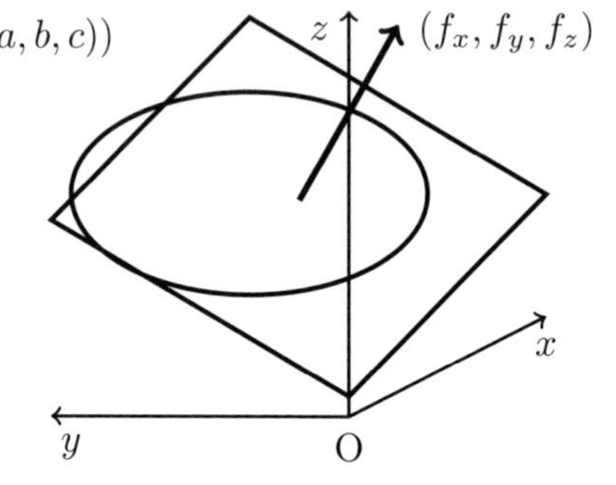

例 3.9.5. 曲面 $\dfrac{x^2}{\alpha^2}+\dfrac{y^2}{\beta^2}+\dfrac{z^2}{\gamma^2}=1$ 上の点 $P(a,b,c)$ における接平面の方程式を求めよ．ただし，α, β, γ は正の定数とする．

$f(x,y,z)=\dfrac{x^2}{\alpha^2}+\dfrac{y^2}{\beta^2}+\dfrac{z^2}{\gamma^2}-1$ とおくと，$f_x=\dfrac{2x}{\alpha^2}$, $f_y=\dfrac{2y}{\beta^2}$, $f_z=\dfrac{2z}{\gamma^2}$ となるので点 $P(a,b,c)$ における接平面の方程式は

$$\frac{2a}{\alpha^2}(x-a)+\frac{2b}{\beta^2}(y-b)+\frac{2c}{\gamma^2}(z-c)=0$$
$$\frac{a}{\alpha^2}(x-a)+\frac{b}{\beta^2}(y-b)+\frac{c}{\gamma^2}(z-c)=0$$
$$\frac{ax}{\alpha^2}+\frac{by}{\beta^2}+\frac{cz}{\gamma^2}=\frac{a^2}{\alpha^2}+\frac{b^2}{\beta^2}+\frac{c^2}{\gamma^2}$$
$$\frac{ax}{\alpha^2}+\frac{by}{\beta^2}+\frac{cz}{\gamma^2}=1$$

ここで，点 $P(a,b,c)$ は曲面 $\dfrac{x^2}{\alpha^2}+\dfrac{y^2}{\beta^2}+\dfrac{z^2}{\gamma^2}=1$ 上の点なので $\dfrac{a^2}{\alpha^2}+\dfrac{b^2}{\beta^2}+\dfrac{c^2}{\gamma^2}=1$ が成り立つことを使った．

3.10 接平面の計算例

例 3.10.1. 曲面 $z = f(x,y) = 2xy^3 - 5x^2$ 上の点 $(3,2,3)$ における接平面の方程式を求めよ.

偏導関数を求めると

$$z_x = 2y^3 - 10x,\ z_y = 6xy^2.$$

点 $(3,2)$ での偏微分係数は

$$z_x(3,2) = 2 \cdot 2^3 - 10 \cdot 3 = -14,\ z_y(3,2) = 6 \cdot 3 \cdot 2^2 = 72$$

となるので接平面の方程式は

$$\begin{aligned} z &= -14(x-3) + 72(y-2) + 3 \\ z &= -14x + 72y - 99. \end{aligned}$$

例 3.10.2. 曲面 $z = f(x,y) = \sqrt{x^2+y^2} = (x^2+y^2)^{\frac{1}{2}}$ 上の点 $(3,4,5)$ における接平面の方程式を求めよ.

偏導関数を求めると

$$z_x = \frac{1}{2}(x^2+y^2)^{-\frac{1}{2}} \frac{\partial}{\partial x}(x^2+y^2) = \frac{1}{2}(x^2+y^2)^{-\frac{1}{2}} \cdot 2x = \frac{x}{\sqrt{x^2+y^2}}.$$

同様に $z_y = \dfrac{y}{\sqrt{x^2+y^2}}$.

点 $(3,4)$ での偏微分係数は

$$z_x(3,4) = \frac{3}{\sqrt{3^2+4^2}} = \frac{3}{5},\ z_y(3,4) = \frac{4}{\sqrt{3^2+4^2}} = \frac{4}{5}$$

となるので接平面の方程式は

$$\begin{aligned} z &= \frac{3}{5}(x-3) + \frac{4}{5}(y-4) + 5 \\ 5z &= 3x - 9 + 4y - 16 + 25 \\ 3x + 4y - 5z &= 0. \end{aligned}$$

例 3.10.3. 曲面 $z = f(x,y) = \sin x + \sin(2y) + \sin(3(x+y))$ 上の点 $(0,0,0)$ における接平面の方程式を求めよ.

偏導関数を求めると

$$\begin{aligned} z_x &= \cos x + \cos(3(x+y))\frac{\partial}{\partial x}(3(x+y)) = \cos x + 3\cos(3(x+y)), \\ z_y &= \cos(2y)\frac{\partial}{\partial y}(2y) + \cos(3(x+y))\frac{\partial}{\partial y}(3(x+y)) = 2\cos(2y) + 3\cos(3(x+y)). \end{aligned}$$

点 $(0,0)$ での偏微分係数は

$$z_x(0,0)=\cos 0+3\cos 0=4,\ z_y(0,0)=2\cos 0+3\cos 0=5$$

となるので接平面の方程式は

$$\begin{aligned} z &= 4(x-0)+5(y-0)+0 \\ z &= 4x+5y. \end{aligned}$$

例 3.10.4. 曲面 $f(x,y,z)=xy^2+yz^2+zx^2-3=0$ 上の点 $(1,1,1)$ における接平面の方程式を求めよ.

偏導関数を求めると

$$f_x=y^2+2zx,\ f_y=2xy+z^2,\ f_z=2yz+x^2.$$

点 $(1,1,1)$ での偏微分係数は $f_x(1,1,1)=f_y(1,1,1)=f_z(1,1,1)=2\cdot 1\cdot 1+1^2=3$ となるので接平面の方程式は

$$\begin{aligned} 3(x-1)+3(y-1)+3(z-1) &= 0 \\ x+y+z-3 &= 0. \end{aligned}$$

例 3.10.5. 曲面 $f(x,y,z)=z^3+xyz-33=0$ 上の点 $(1,2,3)$ における接平面の方程式を求めよ.

偏導関数を求めると

$$f_x=yz,\ f_y=xz,\ f_z=3z^2+xy.$$

点 $(1,2,3)$ での偏微分係数は

$$f_x(1,2,3)=2\cdot 3=6,\ f_y(1,2,3)=1\cdot 3=3,\ f_z(1,2,3)=3\cdot 3^2+1\cdot 2=29$$

となるので接平面の方程式は

$$\begin{aligned} 6(x-1)+3(y-2)+29(z-3) &= 0 \\ 6z+3y+29z-99 &= 0. \end{aligned}$$

3.11 高階偏導関数

3.11.1 高階偏導関数

関数 $z = f(x, y)$ の偏導関数 f_x, f_y が偏微分可能であるとき，これらの偏導関数を $z = f(x, y)$ の第 2 次偏導関数または 2 階の偏導関数といい，

$$\frac{\partial f_x}{\partial x} = \frac{\partial^2 f}{\partial x^2} = (f_x)_x = f_{xx} = z_{xx}, \quad \frac{\partial f_y}{\partial x} = \frac{\partial^2 f}{\partial x \partial y} = (f_y)_x = f_{yx} = z_{yx}$$
$$\frac{\partial f_x}{\partial y} = \frac{\partial^2 f}{\partial y \partial x} = (f_x)_y = f_{xy} = z_{xy}, \quad \frac{\partial f_y}{\partial y} = \frac{\partial^2 f}{\partial y^2} = (f_y)_y = f_{yy} = z_{yy}$$

等で表す.

関数 $z = f(x, y)$ が領域 D において 2 回続けて偏微分可能であるとき，この領域内の点 (a, b) における 2 階の偏導関数の点 (a, b) における値をこの関数の第 2 次偏微分係数または 2 階の偏微分係数といい，次の様に表す.

$$\frac{\partial^2 f}{\partial x^2}(a, b) = f_{xx}(a, b) = z_{xx}(a, b), \quad \frac{\partial^2 f}{\partial y \partial x}(a, b) = f_{xy}(a, b) = z_{xy}(a, b),$$
$$\frac{\partial^2 f}{\partial x \partial y}(a, b) = f_{yx}(a, b) = z_{yx}(a, b), \quad \frac{\partial^2 f}{\partial y^2}(a, b) = f_{yy}(a, b) = z_{yy}(a, b).$$

例 **3.11.1.** 次の関数について z_{xx}, z_{xy}, z_{yx}, z_{yy} を求めよ.

(1) $z = x^2 + 3xy^2 - y^3$
偏導関数を求めると

$$z_x = 2x + 3y^2,\ z_y = 6xy - 3y^2.$$

再度，偏微分すると

$$z_{xx} = \frac{\partial}{\partial x}(2x + 3y^2) = 2, \qquad z_{xy} = \frac{\partial}{\partial y}(2x + 3y^2) = 6y,$$
$$z_{yx} = \frac{\partial}{\partial x}(6xy - 3y^2) = 6y, \quad z_{yy} = \frac{\partial}{\partial y}(6xy - 3y^2) = 6x - 6y.$$

(2) $z=\log(x^2+y^2)$

偏導関数を求めると

$$z_x=\frac{1}{x^2+y^2}\cdot\frac{\partial}{\partial x}(x^2+y^2)=\frac{2x}{x^2+y^2},\ z_y=\frac{1}{x^2+y^2}\cdot\frac{\partial}{\partial y}(x^2+y^2)=\frac{2y}{x^2+y^2}.$$

再度，偏微分すると

$$\begin{aligned} z_{xx}&=\frac{\partial}{\partial x}\left(\frac{2x}{x^2+y^2}\right)\\ &=\frac{2(x^2+y^2)-2x(2x)}{(x^2+y^2)^2}\\ &=\frac{-2x^2+2y^2}{(x^2+y^2)^2},\\ z_{xy}&=\frac{\partial}{\partial y}\left(\frac{2x}{x^2+y^2}\right)\\ &=\frac{-2x(2y)}{(x^2+y^2)^2}\\ &=\frac{-4xy}{(x^2+y^2)^2}, \end{aligned}$$

$$\begin{aligned} z_{yx}&=\frac{\partial}{\partial x}\left(\frac{2y}{x^2+y^2}\right)\\ &=\frac{-2y(2x)}{(x^2+y^2)^2}\\ &=\frac{-4xy}{(x^2+y^2)^2},\\ z_{yy}&=\frac{\partial}{\partial y}\left(\frac{2y}{x^2+y^2}\right)\\ &=\frac{2(x^2+y^2)-2y(2y)}{(x^2+y^2)^2}\\ &=\frac{2x^2-2y^2}{(x^2+y^2)^2}. \end{aligned}$$

ここで，$z_{xy}=z_{yx}$ になっていることに注意する．

3.11.2 偏微分の順序

偏微分の順序

関数 $z=f(x,y)$ について，f_{xy}, f_{yx} が両方ともに存在して，両方ともに連続であれば，

$$f_{xy}=f_{yx}.$$

上の定理は偏微分についての定理であるが，重積分についての定理である Fubini の定理を使うと直ぐに証明できる．

3 次以上の高階偏導関数についても同様に定義でき，偏微分の順序について同様の定理が成り立つ．例えば，3 階の偏導関数が存在して，その全てが連続であれば

$$f_{xxy}=f_{xyx}=f_{yxx},\ f_{xyy}=f_{yxy}=f_{yyx}$$

が成り立つ．

偏微分の順序を考えるのは大変なので，これから先は必要な階数の偏導関数が存在して，その全てが連続であると仮定する．

n 階の偏導関数が全て存在し，さらにその全てが連続であるとき，その関数を C^n 級の関数という．また，全ての n に対して C^n 級である関数を C^∞ 級の関数または滑らかな関数という．これからは特に断らない限り，全ての関数は C^∞ 級と仮定する．

例 3.11.2. 関数 $z = f(x, y)$ が全微分可能で $x = a + ht,\ y = b + kt$ のとき，$\dfrac{d^2z}{dt^2}$ を求めよ．ただし，$a,\ b,\ h,\ k$ は定数とする．

$\dfrac{dx}{dt} = h,\ \dfrac{dy}{dt} = k$ より，

$$\frac{dz}{dt} = \frac{\partial z}{\partial x} \cdot \frac{dx}{dt} + \frac{\partial z}{\partial y} \cdot \frac{dy}{dt} = h\frac{\partial z}{\partial x} + k\frac{\partial z}{\partial y},$$
$$\frac{dz_x}{dt} = h\frac{\partial z_x}{\partial x} + k\frac{\partial z_x}{\partial y} = h\frac{\partial^2 z}{\partial x^2} + k\frac{\partial^2 z}{\partial y \partial x},$$
$$\frac{dz_y}{dt} = h\frac{\partial z_y}{\partial x} + k\frac{\partial z_y}{\partial y} = h\frac{\partial^2 z}{\partial x \partial y} + k\frac{\partial^2 z}{\partial y^2}.$$

したがって，

$$\begin{aligned}\frac{d^2 z}{dt^2} &= \frac{d}{dt}\left(h\frac{\partial z}{\partial x} + k\frac{\partial z}{\partial y}\right) \\ &= h\frac{d}{dt}\left(\frac{\partial z}{\partial x}\right) + k\frac{d}{dt}\left(\frac{\partial z}{\partial y}\right) \\ &= h\left(h\frac{\partial^2 z}{\partial x^2} + k\frac{\partial^2 z}{\partial y \partial x}\right) + k\left(h\frac{\partial^2 z}{\partial x \partial y} + k\frac{\partial^2 z}{\partial y^2}\right) \\ &= h^2\frac{\partial^2 z}{\partial x^2} + 2hk\frac{\partial^2 z}{\partial y \partial x} + k^2\frac{\partial^2 z}{\partial y^2}.\end{aligned}$$

例 3.11.3. $z = f(x, y) = f(r\cos\theta, r\sin\theta)$ について $\dfrac{\partial^2 z}{\partial r^2}$ を求めよ．

$\dfrac{\partial x}{\partial r} = \cos\theta,\ \dfrac{\partial y}{\partial r} = \sin\theta$ より，

$$\frac{\partial z}{\partial r} = \frac{\partial z}{\partial x} \cdot \frac{\partial x}{\partial r} + \frac{\partial z}{\partial y} \cdot \frac{\partial y}{\partial r} = \frac{\partial z}{\partial x} \cdot \cos\theta + \frac{\partial z}{\partial y} \cdot \sin\theta,$$
$$\frac{\partial z_x}{\partial r} = \frac{\partial z_x}{\partial x} \cdot \cos\theta + \frac{\partial z_x}{\partial y} \cdot \sin\theta = \frac{\partial^2 z}{\partial x^2} \cdot \cos\theta + \frac{\partial^2 z}{\partial y \partial x} \cdot \sin\theta,$$
$$\frac{\partial z_y}{\partial r} = \frac{\partial z_y}{\partial x} \cdot \cos\theta + \frac{\partial z_y}{\partial y} \cdot \sin\theta = \frac{\partial^2 z}{\partial x \partial y} \cdot \cos\theta + \frac{\partial^2 z}{\partial y^2} \cdot \sin\theta.$$

したがって,

$$\begin{aligned}\frac{\partial^2 z}{\partial r^2} &= \frac{\partial}{\partial r}\left(\frac{\partial z}{\partial x}\cdot\cos\theta + \frac{\partial z}{\partial y}\cdot\sin\theta\right)\\ &= \left\{\frac{\partial}{\partial r}\left(\frac{\partial z}{\partial x}\right)\right\}\cdot\cos\theta + \left\{\frac{\partial}{\partial r}\left(\frac{\partial z}{\partial y}\right)\right\}\cdot\sin\theta\\ &= \left(\frac{\partial^2 z}{\partial x^2}\cdot\cos\theta + \frac{\partial^2 z}{\partial y\partial x}\cdot\sin\theta\right)\cdot\cos\theta + \left(\frac{\partial^2 z}{\partial x\partial y}\cdot\cos\theta + \frac{\partial^2 z}{\partial y^2}\cdot\sin\theta\right)\cdot\sin\theta\\ &= \frac{\partial^2 z}{\partial x^2}\cdot\cos^2\theta + 2\frac{\partial^2 z}{\partial y\partial x}\cdot\sin\theta\cos\theta + \frac{\partial^2 z}{\partial y^2}\cdot\sin^2\theta.\end{aligned}$$

例 3.11.4. 関数 $z=f(x,y)=f(r\cos\theta, r\sin\theta)$ について $\dfrac{\partial^2 z}{\partial\theta^2}$ を求めよ.

$\dfrac{\partial x}{\partial\theta} = -r\sin\theta$, $\dfrac{\partial y}{\partial\theta} = r\cos\theta$ より,

$$\begin{aligned}\frac{\partial z}{\partial\theta} &= \frac{\partial z}{\partial x}\cdot\frac{\partial x}{\partial\theta} + \frac{\partial z}{\partial y}\cdot\frac{\partial y}{\partial\theta}\\ &= \frac{\partial z}{\partial x}\cdot(-r\sin\theta) + \frac{\partial z}{\partial y}\cdot r\cos\theta = -\frac{\partial z}{\partial x}\cdot r\sin\theta + \frac{\partial z}{\partial y}\cdot r\cos\theta,\end{aligned}$$

$$\frac{\partial z_x}{\partial\theta} = -\frac{\partial z_x}{\partial x}\cdot r\sin\theta + \frac{\partial z_x}{\partial y}\cdot r\cos\theta = -\frac{\partial^2 z}{\partial x^2}\cdot r\sin\theta + \frac{\partial^2 z}{\partial y\partial x}\cdot r\cos\theta,$$

$$\frac{\partial z_y}{\partial\theta} = -\frac{\partial z_y}{\partial x}\cdot r\sin\theta + \frac{\partial z_y}{\partial y}\cdot r\cos\theta = -\frac{\partial^2 z}{\partial x\partial y}\cdot r\sin\theta + \frac{\partial^2 z}{\partial y^2}\cdot r\cos\theta.$$

したっがって,

$$\begin{aligned}\frac{\partial^2 z}{\partial\theta^2} &= \frac{\partial}{\partial\theta}\left(-\frac{\partial z}{\partial x}\cdot r\sin\theta + \frac{\partial z}{\partial y}\cdot r\cos\theta\right)\\ &= -\frac{\partial}{\partial\theta}\left(\frac{\partial z}{\partial x}\cdot r\sin\theta\right) + \frac{\partial}{\partial\theta}\left(\frac{\partial z}{\partial y}\cdot r\cos\theta\right)\\ &= -\left\{\frac{\partial}{\partial\theta}\left(\frac{\partial z}{\partial x}\right)\right\}\cdot r\sin\theta - \frac{\partial z}{\partial x}\cdot r\left(\frac{\partial}{\partial\theta}\sin\theta\right)\\ &\quad + \left\{\frac{\partial}{\partial\theta}\left(\frac{\partial z}{\partial y}\right)\right\}\cdot r\cos\theta + \frac{\partial z}{\partial y}\cdot r\left(\frac{\partial}{\partial\theta}\cos\theta\right)\\ &= -\left\{-\frac{\partial^2 z}{\partial x^2}\cdot r\sin\theta + \frac{\partial^2 z}{\partial y\partial x}\cdot r\cos\theta\right\}\cdot r\sin\theta - \frac{\partial z}{\partial x}\cdot r\cos\theta\\ &\quad + \left\{-\frac{\partial^2 z}{\partial x\partial y}\cdot r\sin\theta + \frac{\partial^2 z}{\partial y^2}\cdot r\cos\theta\right\}\cdot r\cos\theta + \frac{\partial z}{\partial y}\cdot r(-\sin\theta)\\ &= r^2\left(\frac{\partial^2 z}{\partial x^2}\cdot\sin^2\theta - 2\frac{\partial^2 z}{\partial y\partial x}\cdot\cos\theta\sin\theta + \frac{\partial^2 z}{\partial y^2}\cdot\cos^2\theta\right)\\ &\quad -r\left(\frac{\partial z}{\partial x}\cdot\cos\theta + \frac{\partial z}{\partial y}\cdot\sin\theta\right).\end{aligned}$$

3.12　Taylor 展開

3.12.1　1 変数関数の Maclaurin 展開の復習

残念ながら $y = \sin x$, $y = \cos x$, $y = e^x$ などの関数は多項式では表せない．しかし，驚くことに冪級数 $\displaystyle\sum_{n=0}^{\infty} a_n x^n$ で表せる．関数を冪級数で表すことを Maclaurin 展開するという．　関数 $f(x)$ が冪級数 $\displaystyle\sum_{n=0}^{\infty} a_n x^n$ で表せるとき，つまり

$$f(x) = \sum_{n=0}^{\infty} a_n x^n = a_0 + a_1 x + a_2 x^2 + a_3 x^3 + a_4 x^4 + \cdots$$

と書き表されるとき，係数 a_n を求める方法を考える．

(0) $x = 0$ を代入すると

$$\begin{aligned} f(0) &= a_0 \\ a_0 &= f(0) \end{aligned}$$

(1) 導関数を計算して $x = 0$ を代入すると

$$\begin{aligned} f'(x) &= \sum_{n=1}^{\infty} n a_n x^{n-1} = a_1 + 2a_2 x + 3a_3 x^2 + 4a_4 x^3 + \cdots \\ f'(0) &= a_1 \\ a_1 &= f'(0). \end{aligned}$$

(2) 2 階の導関数を計算して $x = 0$ を代入すると

$$\begin{aligned} f''(x) &= \sum_{n=2}^{\infty} n(n-1) a_n x^{n-2} = 2 \cdot 1 \cdot a_2 + 3 \cdot 2 \cdot a_3 x + 4 \cdot 3 \cdot a_4 x^2 + \cdots \\ f''(0) &= 2! \cdot a_2 \\ a_2 &= \frac{f''(0)}{2!} \end{aligned}$$

(3) 3 階の導関数を計算して $x = 0$ を代入すると

$$\begin{aligned} f^{(3)}(x) &= \sum_{n=3}^{\infty} n(n-1)(n-2) a_n x^{n-3} = 3 \cdot 2 \cdot 1 \cdot a_3 + 4 \cdot 3 \cdot 2 \cdot a_4 x + \cdots \\ f^{(3)}(0) &= 3! \cdot a_3 \\ a_3 &= \frac{f^{(3)}(0)}{3!} \end{aligned}$$

一般に,

(n) n 階の導関数を計算して $x=0$ を代入すると

$$f^{(n)}(x) = \sum_{m=n}^{\infty} \frac{m!}{(m-n)!} a_m x^{m-n} = n! \cdot a_n + \frac{(n+1)!}{1!} a_{n+1} x + \cdots$$
$$f^{(n)}(0) = n! \cdot a_n$$
$$a_n = \frac{f^{(n)}(0)}{n!}$$

Maclaurin 展開

関数 $f(x)$ が

$$f(x) = \sum_{n=0}^{\infty} a_n x^n = a_0 + a_1 x + a_2 x^2 + a_3 x^3 + \cdots$$

と冪級数で書き表されたら $a_n = \dfrac{f^{(n)}(0)}{n!}$ となる.

3.12.2　2 変数関数の Taylor 展開

2 変数関数 $z = f(x, y)$ を冪級数

$$f(x, y) = \sum_{i+j=0}^{\infty} a_{ij} x^i y^j = a_{00} + a_{10} x + a_{01} y + a_{20} x^2 + a_{11} xy + a_{02} y^2 + \cdots$$

で表すことを原点 $(0, 0)$ で Taylor 展開するという.　関数 $z = f(x, y)$ が冪級数 $\sum_{i+j=0}^{\infty} a_{ij} x^i x^j$ で表せるとき，つまり

$$f(x, y) = \sum_{i+j=0}^{\infty} a_{ij} x^i y^j = a_{00} + a_{10} x + a_{01} y + a_{20} x^2 + a_{11} xy + a_{02} y^2 + \cdots$$

と書き表されるとき，1 変数関数のときと同様に係数 a_{ij} が求められる.

(0) $x = y = 0$ を代入すると

$$f(0, 0) = a_{00}$$
$$a_{00} = f(0, 0).$$

(1_x) x についての偏導関数を計算して $x = y = 0$ を代入すると

$$\frac{\partial f}{\partial x}(x,y) = \sum_{i+j=1,\, i>0}^{\infty} i a_{ij} x^{i-1} y^j = a_{10} + 2a_{20}x + a_{11}y + \cdots$$

$$\frac{\partial f}{\partial x}(0,0) = a_{10}$$

$$a_{10} = \frac{\partial f}{\partial x}(0,0).$$

(1_y) y についての偏導関数を計算して $x = y = 0$ を代入すると

$$\frac{\partial f}{\partial y}(x,y) = \sum_{i+j=1,\, j>0}^{\infty} j a_{ij} x^{i} y^{j-1} = a_{01} + a_{11}x + 2a_{02}y + \cdots$$

$$\frac{\partial f}{\partial y}(0,0) = a_{01}$$

$$a_{01} = \frac{\partial f}{\partial y}(0,0).$$

(2_{xx}) 2 階の偏導関数 $\dfrac{\partial^2 f}{\partial x^2}$ を計算して $x = y = 0$ を代入すると

$$\frac{\partial^2 f}{\partial x^2}(x,y) = \sum_{i+j=1,\, i>1}^{\infty} i(i-1) a_{ij} x^{i-2} y^j = 2a_{20} + 3 \cdot 2 \cdot a_{30}x + 2a_{21}y + \cdots$$

$$\frac{\partial^2 f}{\partial x^2}(0,0) = 2a_{20}$$

$$a_{20} = \frac{1}{2} \cdot \frac{\partial^2 f}{\partial x^2}(0,0).$$

(2_{xy}) 2 階の偏導関数 $\dfrac{\partial^2 f}{\partial y \partial x}$ を計算して $x = y = 0$ を代入すると

$$\frac{\partial^2 f}{\partial y \partial x}(x,y) = \sum_{i+j=1,\, i,j>0}^{\infty} ij a_{ij} x^{i-1} y^{j-1} = a_{11} + 2a_{21}x + 2a_{12}y + \cdots$$

$$\frac{\partial^2 f}{\partial y \partial x}(0,0) = a_{11}$$

$$a_{11} = \frac{\partial^2 f}{\partial y \partial x}(0,0).$$

(2_{yy}) 2 階の偏導関数 $\dfrac{\partial^2 f}{\partial y^2}$ を計算して $x = y = 0$ を代入すると

$$\frac{\partial^2 f}{\partial y^2}(x,y) = \sum_{i+j=1,\, j>1}^{\infty} j(j-1) a_{ij} x^{i} y^{j-2} = 2a_{02} + 2a_{12}x + 3 \cdot 2 \cdot a_{03}y + \cdots$$

$$\frac{\partial^2 f}{\partial y^2}(0,0) = 2a_{02}$$

$$a_{02} = \frac{1}{2} \cdot \frac{\partial^2 f}{\partial y^2}(0,0).$$

同様に続けていくと次の様になる．

原点での Taylor 展開

関数 $f(x,y)$ が

$$f(x,y) = \sum_{i+j=0}^{\infty} a_{ij}x^i y^j = a_{00} + a_{10}x + a_{01}y + a_{20}x^2 + a_{11}xy + a_{02}y^2 + \cdots$$

と冪級数で書き表されたら $a_{ij} = \dfrac{{}_{i+j}\mathrm{C}_i}{(i+j)!} \cdot \dfrac{\partial^{i+j} f}{\partial^i x \partial^j y}(0,0)$ となる．
2 次の項までを書くと

$$\begin{aligned} f(x,y) = f(0,0) &+ \left\{ \frac{\partial f}{\partial x}(0,0)x + \frac{\partial f}{\partial y}(0,0)y \right\} \\ &+ \frac{1}{2}\left\{ \frac{\partial^2 f}{\partial x^2}(0,0)x^2 + 2\frac{\partial^2 f}{\partial x \partial y}(0,0)xy + \frac{\partial^2 f}{\partial y^2}(0,0)y^2 \right\} + \cdots . \end{aligned}$$

3.12.3　点 (a,b) での Taylor 展開

原点 $(0,0)$ ではなく，点 (a,b) での Taylor 展開は次の様になる．関数 $f(x,y)$ が

$$\begin{aligned} f(x,y) &= \sum_{i+j=0}^{\infty} a_{ij}(x-a)^i(y-b)^j \\ &= a_{00} + a_{10}(x-a) + a_{01}(y-a) \\ &\quad + a_{20}(x-a)^2 + a_{11}(x-a)(y-b) + a_{02}(y-b)^2 + \cdots \end{aligned}$$

と冪級数で書き表されたら $a_{ij} = \dfrac{{}_{i+j}\mathrm{C}_i}{(i+j)!} \cdot \dfrac{\partial^{i+j} f}{\partial^i x \partial^j y}(a,b)$ となる．

2 次の項までを書くと

$$\begin{aligned} &f(x,y) \\ &= f(a,b) + \left\{ \frac{\partial f}{\partial x}(a,b)(x-a) + \frac{\partial f}{\partial y}(a,b)(y-b) \right\} \\ &+ \frac{1}{2}\left\{ \frac{\partial^2 f}{\partial x^2}(a,b)(x-a)^2 + 2\frac{\partial^2 f}{\partial x \partial y}(a,b)(x-a)(y-b) + \frac{\partial^2 f}{\partial y^2}(a,b)(y-b)^2 \right\} + \cdots . \end{aligned}$$

3.13 Taylor 展開の計算

1 変数関数のときには，いくつかの重要な Maclaurin 展開に代数的または解析的な操作を行うと他の関数の Maclaurin 展開を求めることができた．2 変数関数についても同様な方法で原点の周りでの Taylor 展開を求めることが出来る．

3.13.1 1 変数関数の Maclaurin 展開の計算

重要な Maclaurin 展開

$$\sin x = \sum_{n=0}^{\infty} \frac{(-1)^n}{(2n+1)!} x^{2n+1}, \quad \cos x = \sum_{n=0}^{\infty} \frac{(-1)^n}{(2n)!} x^{2n}$$

$$e^x = \sum_{n=0}^{\infty} \frac{1}{n!} x^n, \qquad \frac{1}{1-x} = \sum_{n=0}^{\infty} x^n \quad (|x| < 1)$$

例 **3.13.1.** $f(x) = \sin 3x$ の Maclaurin 展開を求めよ．

$\sin x$ の Maclaurin 展開

$$\sin x = \sum_{n=0}^{\infty} \frac{(-1)^n}{(2n+1)!} x^{2n+1} = x - \frac{1}{3!}x^3 + \frac{1}{5!}x^5 + \cdots$$

の x のところに $3x$ を代入すると

$$\begin{aligned}
\sin 3x &= \sum_{n=0}^{\infty} \frac{(-1)^n}{(2n+1)!} (3x)^{2n+1} \\
&= \sum_{n=0}^{\infty} \frac{(-1)^n 3^{2n+1}}{(2n+1)!} x^{2n+1} \\
&= 3x - \frac{1}{3!}(3x)^3 + \frac{1}{5!}(3x)^5 + \cdots \\
&= 3x - \frac{9}{2}x^3 + \frac{81}{40}x^5 + \cdots .
\end{aligned}$$

3.13.2 2 変数関数の Taylor 展開の計算

1 変数のときと同様に重要な Maclaurin 展開を使って 2 変数関数の Taylor 展開を求めることができる．もちろん，偏微分係数を計算して求めてもよい．

例 3.13.2. $\sin(x+2y)$ と $x\sin(x+2y)$ の原点 $(0,0)$ での Taylor 展開を 3 次の項まで求めよ．

$\sin x = x - \frac{1}{3!}x^3 + \frac{1}{5!}x^5 + \cdots$ なので

$$\begin{aligned}
\sin(x+2y) &= (x+2y) - \frac{1}{3!}(x+2y)^3 + \cdots \\
&= x + 2y - \frac{1}{6}(x^3 + 6x^2y + 12xy^2 + 8y^3) + \cdots \\
&= x + 2y - \frac{1}{6}x^3 - x^2y - 2xy^2 - \frac{4}{3}y^3 + \cdots, \\
x\sin(x+2y) &= x^2 + 2xy + \cdots .
\end{aligned}$$

例 3.13.3. e^{x+y^2} の原点 $(0,0)$ での Taylor 展開を 3 次の項まで求めよ．

$e^x = 1 + x + \frac{1}{2!}x^2 + \frac{1}{3!}x^3 + \cdots$ なので

$$\begin{aligned}
e^{x+y^2} &= 1 + (x+y^2) + \frac{1}{2!}(x+y^2)^2 + \frac{1}{3!}(x+y^2)^3 + \cdots \\
&= 1 + x + y^2 + \frac{1}{2!}(x^2 + 2xy^2 + y^4) + \frac{1}{3!}(x^3 + \cdots) + \cdots, \\
&= 1 + x + \frac{1}{2}x^2 + y^2 + \frac{1}{6}x^3 + xy^2 + \cdots .
\end{aligned}$$

例 3.13.4. $\dfrac{1}{2-x+2y}$ の原点 $(0,0)$ での Taylor 展開を 2 次の項まで求めよ．

$\dfrac{1}{1-x} = 1 + x + x^2 + x^3 + \cdots$ なので

$$\begin{aligned}
\frac{1}{2-x+2y} &= \frac{1}{2}\cdot\frac{1}{1-\left(\frac{x}{2}-y\right)} \\
&= \frac{1}{2}\left\{1 + \left(\frac{x}{2}-y\right) + \left(\frac{x}{2}-y\right)^2 + \cdots\right\} \\
&= \frac{1}{2}\left(1 + \frac{x}{2} - y + \frac{x^2}{4} - xy + y^2 + \cdots\right) \\
&= \frac{1}{2} + \frac{x}{4} - \frac{y}{2} + \frac{x^2}{8} - \frac{xy}{2} + \frac{y^2}{2} + \cdots .
\end{aligned}$$

3.14 Taylor 展開の存在

1 変数関数の Taylor 展開の存在から 2 変数関数の Taylor 展開の存在が示される．ここでは，表記を簡単にするため，原点での Taylor 展開について説明する．

3.14.1 1 変数関数の Taylor の公式

関数 $y = f(x)$ を原点を含む開区間で定義された C^n 級の関数とする．このとき，

$$f(x) = f(0) + \frac{1}{1!}f^{(1)}(0)x + \frac{1}{2!}f^{(2)}(0)x^2 + \cdots + \frac{1}{(n-1)!}f^{(n-1)}(0)x^{n-1} + R_n$$

と表せる．ただし，$R_n = \displaystyle\int_0^x \frac{(x-t)^{n-1}}{(n-1)!}f^{(n)}(t)\,dt$ である．

n を限りなく大きくしたとき，R_n が限りなく 0 に近づくならば関数 $f(x)$ は冪級数で表される．

3.14.2 2 変数関数の Taylor の公式

関数 $z = f(x, y)$ を原点 $(0, 0)$ を含む領域 D で定義された C^n 級の関数とする．このとき，

$$\begin{aligned} f(x,y) = f(0,0) &+ \frac{1}{1!}\left(\frac{\partial f}{\partial x}(0,0)x + \frac{\partial f}{\partial y}(0,0)y\right) \\ &+ \frac{1}{2!}\left(\frac{\partial^2 f}{\partial x^2}(0,0)x^2 + 2\frac{\partial^2 f}{\partial x \partial y}(0,0)xy + \frac{\partial^2 f}{\partial y^2}(0,0)y^2\right) + \cdots \\ &+ \frac{1}{(n-1)!}\sum_{i+j=n-1} {}_{n-1}C_i \frac{\partial^{n-1} f}{\partial x^i \partial y^j}(0,0)x^i y^j + R_n \end{aligned}$$

と表せる．ただし，$R_n = \displaystyle\int_0^1 \left\{\frac{(1-t)^{n-1}}{(n-1)!}\sum_{i+j=n} {}_nC_i \frac{\partial^n f}{\partial x^i \partial y^j}(tx, ty)\right\} dt$ である．

n を限りなく大きくしたとき，R_n が限りなく 0 に近づくならば関数 $f(x, y)$ は 2 変数の冪級数で表される．つまり，Taylor 展開が存在する．

3.14.3 2 変数関数の Taylor の公式の証明

2 変数関数 $z = f(x, y)$ に対して，$z = f(sx, sy)$ という s についての 1 変数関数を考える．このとき x, y は定数だと思う．$z = f(sx, sy) = f(s)$ は 1 変数関数なので 1 変数の Taylor の公式を考えると

$$f(sx, sy) = f(0,0) + \frac{1}{1!}\cdot\frac{df}{ds}(0)s + \frac{1}{2!}\cdot\frac{d^2 f}{ds^2}(0)s^2 + \cdots + \frac{1}{(n-1)!}\cdot\frac{d^{n-1} f}{ds^{n-1}}(0)s^{n-1} + R_n$$

となる．ここで $s=1$ を代入すると

$$f(x,y)=f(0,0)+\frac{1}{1!}\cdot\frac{df}{ds}(0)+\frac{1}{2!}\cdot\frac{d^2f}{ds^2}(0)+\cdots+\frac{1}{(n-1)!}\cdot\frac{d^{n-1}f}{ds^{n-1}}(0)+R_n$$

となる．ただし，$R_n=\displaystyle\int_0^1\frac{(1-t)^{n-1}}{(n-1)!}\cdot\frac{d^nf}{ds^n}(t)\,dt$ である．

あとは $\dfrac{d^mf}{ds^m}(0)$ $(1\leqq m\leqq n-1)$ と $\dfrac{d^nf}{ds^n}(t)$ を求めればよい．そこで，$\dfrac{d^mf}{ds^m}(s)$ が $\displaystyle\sum_{i+j=m}{}_mC_i\frac{\partial^mf}{\partial x^i\partial y^j}(sx,sy)x^iy^j$ となることを数学的帰納法を使って証明する．

$m=1$ のとき，

$$\begin{aligned}\frac{df}{ds}(s)=\frac{df}{ds}(sx,sy)&=\frac{\partial f}{\partial x}\cdot\frac{dx}{ds}+\frac{\partial f}{\partial y}\cdot\frac{dy}{ds}=\frac{\partial f}{\partial x}\cdot\frac{d(sx)}{ds}+\frac{\partial f}{\partial y}\cdot\frac{d(sy)}{ds}\\&=\frac{\partial f}{\partial x}(sx,sy)x+\frac{\partial f}{\partial y}(sx,sy)y.\end{aligned}$$

$m=k$ のとき成り立つと仮定する．つまり $\dfrac{d^kf}{ds^k}(s)=\displaystyle\sum_{i+j=k}{}_kC_i\frac{\partial^kf}{\partial x^i\partial y^j}(sx,sy)x^iy^j$ が成り立っていると仮定する．このとき $m=k+1$ の場合を計算すると

$$\begin{aligned}\frac{d^{k+1}f}{ds^{k+1}}(s)&=\frac{d}{ds}\left(\frac{d^kf}{ds^k}(s)\right)=\frac{d}{ds}\left(\sum_{i+j=k}{}_kC_i\frac{\partial^kf}{\partial x^i\partial y^j}(sx,sy)x^iy^j\right)\\&=\sum_{i+j=k}{}_kC_i\frac{d}{ds}\left(\frac{\partial^kf}{\partial x^i\partial y^j}(sx,sy)\right)x^iy^j\\&=\sum_{i+j=k}{}_kC_i\left(\frac{\partial^{k+1}f}{\partial x^{i+1}\partial y^j}(sx,sy)x+\frac{\partial^{k+1}f}{\partial x^i\partial y^{j+1}}(sx,sy)y\right)x^iy^j.\end{aligned}$$

ここで，$x^{i+1}y^j$ は $x\cdot x^iy^j$ および $y\cdot x^{i+1}y^{j-1}$ と書けることと

$$\begin{aligned}{}_kC_i+{}_kC_{i+1}&=\frac{k!}{i!(k-i)!}+\frac{k!}{(i+1)!(k-i-1)!}\\&=\frac{k!\{(i+1)+(k-i)\}}{(i+1)!(k-i)!}\\&=\frac{(k+1)!}{(i+1)!(k-i)!}={}_{k+1}C_i\end{aligned}$$

であることから

$$\frac{d^{k+1}f}{ds^{k+1}}(s)=\sum_{i+j=k+1}{}_{k+1}C_i\frac{\partial^{k+1}f}{\partial x^i\partial y^j}(sx,sy)x^iy^j$$

が成り立つ．したがって，数学的帰納法から命題は証明された．

3.15 停留点

3.15.1 1変数関数の極大・極小

$x = a$ に十分近い点だけを考えたとき $f(a)$ がその範囲で最大値のとき，$f(a)$ を極大値という．特に，導関数 $f'(x)$ の符号が正から負に変わる点で極大値を取る．

$x = a$ に十分近い点だけを考えたとき $f(a)$ がその範囲で最小値のとき，$f(a)$ を極小値という．特に，導関数 $f'(x)$ の符号が負から正に変わる点で極小値をとる．

極大値と極小値を合わせて極値とよんだが、そこでは $f'(x) = 0$ となっている．したがって，$f'(x) = 0$ となる点が極値をとる点の候補になる．そして，$f'(x) = 0$ となる点を停留点とよんだ．しかし，$f'(x) = 0$ となる点だからと言って極値をとるとは限らない．

注 **3.15.1.** $x = a$ の近くで関数 $y = f(x)$ が局所的に定数ならば $f'(a) = 0$ となる．

3.15.2 2変数関数の極大・極小

点 (a, b) に十分近い点だけを考えたとき $f(a, b)$ がその範囲で最大値のとき，$f(a, b)$ を極大値という．

点 (a, b) に十分近い点だけを考えたとき $f(a, b)$ がその範囲で最小値のとき，$f(a, b)$ を極小値という．

もし，点 (a, b) で関数 $z = f(x, y)$ が極値をとれば点 (a, b) を通る x 軸に平行な直線 $y = b$ に 2 変数関数 $z = f(x, y)$ を制限して得られる 1 変数関数 $z = f(x, b)$ も点 $x = a$ で極値をとる．したがって，$z_x(a, b) = \dfrac{\partial z}{\partial x}(a, b) = 0.$

同様に，y 軸に平行な直線について考えると $z_y(a, b) = \dfrac{\partial z}{\partial y}(a, b) = 0.$

極値をとる点が満たす条件

点 (a, b) で関数 $z = f(x, y)$ が極値をとれば，$\dfrac{\partial z}{\partial x}(a, b) = \dfrac{\partial z}{\partial y}(a, b) = 0.$

$\dfrac{\partial z}{\partial x}(a, b) = \dfrac{\partial z}{\partial y}(a, b) = 0$ となる点が極値をとる点の候補になる．そして，$\dfrac{\partial z}{\partial x}(a, b) = \dfrac{\partial z}{\partial y}(a, b) = 0$ となる点を停留点とよぶ．1 変数のときと同様に，$\dfrac{\partial z}{\partial x}(a, b) = \dfrac{\partial z}{\partial y}(a, b) = 0$ となる点だからと言って極値をとるとは限らないことに注意する．

例 3.15.1. 関数 $z = x^3 + y^3 - 3xy$ の停留点を求めよ．

$z_x = 3x^2 - 3y = 0$, $z_y = 3y^2 - 3x = 0$ となる点を求めればよい．

連立方程式 $\begin{cases} y = x^2 \\ x = y^2 \end{cases}$ を解けばよいので，1 つ目の式を 2 つ目の式に代入すると

$$\begin{aligned} x &= (x^2)^2 \\ 0 &= x^4 - x \\ 0 &= x(x-1)(x^2+x+1) \end{aligned}$$

となるので $x = 0, 1$ となる．したがって，停留点は $(0,0)$, $(1,1)$ の 2 点である．

例 3.15.2. 関数 $z = x^2 - y^2$ の停留点を求めよ．

$z_x = 2x = 0$, $z_y = -2y = 0$ となる点を求めればよい．

したがって，停留点は $(0,0)$ のみである．しかし，原点 $(0,0)$ では極値をとらない．

$z = x^2 - y^2$ を x 軸に制限すれば，つまり，$y = 0$ を代入すれば $z = x^2$ となるので，x 軸上に制限すれば点 $(0,0)$ で最小となる．今度は y 軸に制限すれば，つまり，$x = 0$ を代入すれば $z = -y^2$ となるので，y 軸上に制限すれば点 $(0,0)$ で最大となる．よって極値にはならない．

1 つの方向では極大，もう 1 つの方向では極小となる様な点を鞍点といった．

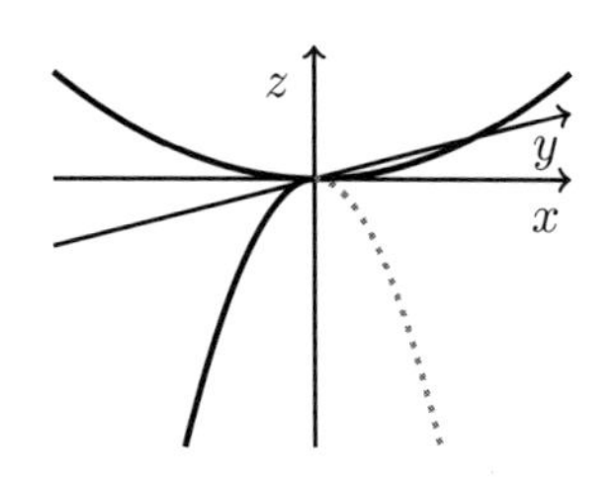

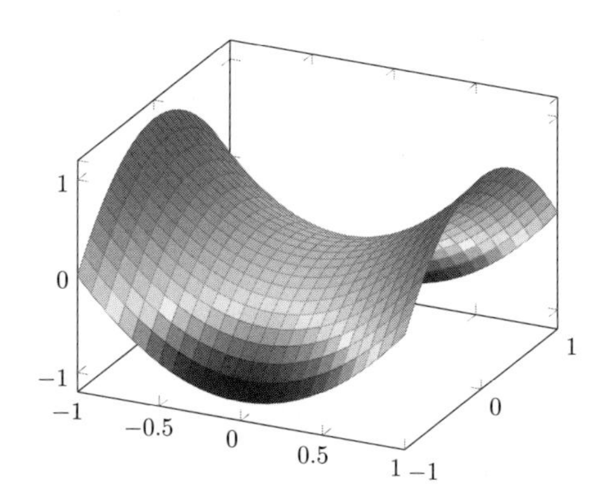

3.16　極大・極小

3.16.1　1 変数関数の極値の判定法

1 変数関数 $y = f(x)$ の Maclaulin 展開を考えると

$$f(x) = f(0) + f'(0)x + \frac{f''(0)}{2!}x^2 + \frac{f^{(3)}(0)}{3!}x^3 + \cdots.$$

ここで x が 0 に非常に近ければ，3 次以上の項は x^2 や x よりも非常に小さくなる．したがって，x が 0 に非常に近ければ，3 次以上の項を無視して

$$f(x) \approx f(0) + f'(0)x + \frac{f''(0)}{2!}x^2.$$

さらにここで $x = 0$ で極値をとるとすると $f'(0) = 0$ となるので

$$f(x) \approx f(0) + \frac{f''(0)}{2!}x^2.$$

したがって，

$f''(0) > 0$ のときは

$x = 0$ で極小値をとる．

$f''(0) < 0$ のときは

$x = 0$ で極大値をとる．

注 3.16.1. $f''(0) = 0$ のときは 3 次以上の項も考える必要がある．

3.16.2　2 変数関数の極大・極小

関数 $z = f(x, y)$ について，点 (a, b) の近くで点 (a, b) とは異なる任意の点 (x, y) に対し

- $f(x, y) < f(a, b)$ が成り立つとき，$z = f(x, y)$ は点 (a, b) で狭義極大であるといい，$f(a, b)$ を狭義極大値という．
- $f(x, y) > f(a, b)$ が成り立つとき，$z = f(x, y)$ は点 (a, b) で狭義極小であるといい，$f(a, b)$ を狭義極小値という．

3.16.3 2 変数関数の極値の判定法

2 変数関数 $z = f(x,y)$ の原点 $(0,0)$ での Taylor 展開を考えると

$$f(x,y) = f(0,0) + \frac{\partial f}{\partial x}(0,0)x + + \frac{\partial f}{\partial y}(0,0)y$$
$$+ \frac{1}{2}\left\{\frac{\partial^2 f}{\partial x^2}(0,0)x^2 + 2\frac{\partial^2 f}{\partial y \partial x}(0,0)xy + \frac{\partial^2 f}{\partial y^2}(0,0)y^2\right\} + \cdots.$$

ここで x, y がともに 0 に非常に近ければ，3 次以上の項は x^2, xy, y^2 や x, y よりも非常に小さくなる．したがって，x, y が 0 に非常に近ければ，3 次以上の項を無視して

$$f(x,y) \approx f(0,0) + \frac{\partial f}{\partial x}(0,0)x + \frac{\partial f}{\partial y}(0,0)y$$
$$+ \frac{1}{2}\left\{\frac{\partial^2 f}{\partial x^2}(0,0)x^2 + 2\frac{\partial^2 f}{\partial y \partial x}(0,0)xy + \frac{\partial^2 f}{\partial y^2}(0,0)y^2\right\}.$$

さらに，ここで原点 $(0,0)$ で極値をとるとすると $\dfrac{\partial f}{\partial x}(0,0) = \dfrac{\partial f}{\partial y}(0,0) = 0$ となるので

$$f(x,y) \approx f(0,0) + \frac{1}{2}\left\{\frac{\partial^2 f}{\partial x^2}(0,0)x^2 + 2\frac{\partial^2 f}{\partial y \partial x}(0,0)xy + \frac{\partial^2 f}{\partial y^2}(0,0)y^2\right\}.$$

ここで $A = \dfrac{\partial^2 f}{\partial x^2}(0,0)$, $B = \dfrac{\partial^2 f}{\partial y \partial x}(0,0)$, $C = \dfrac{\partial^2 f}{\partial y^2}(0,0)$ と置けば，

$$f(x,y) \approx f(0,0) + \frac{1}{2}\left\{Ax^2 + 2Bxy + Cy^2\right\}.$$

(1) $A \neq 0$ と仮定して変形すると

$$\begin{aligned} f(x,y) &\approx f(0,0) + \frac{1}{2}\left\{Ax^2 + 2Bxy + Cy^2\right\} \\ &= f(0,0) + \frac{A}{2}\left\{x^2 + 2\frac{B}{A}xy + \frac{C}{A}y^2\right\} \\ &= f(0,0) + \frac{A}{2}\left\{\left(x + \frac{B}{A}y\right)^2 - \frac{B^2}{A^2}y^2 + \frac{C}{A}y^2\right\} \\ &= f(0,0) + \frac{A}{2}\left\{\left(x + \frac{B}{A}y\right)^2 + \frac{AC - B^2}{A^2}y^2\right\}. \end{aligned}$$

- $AC - B^2 > 0$ のとき，$X = x + \dfrac{B}{A}y$, $Y = \sqrt{\dfrac{AC - B^2}{A^2}}y$ と置けば，

$$f(x,y) = f(0,0) + \frac{A}{2}\left\{X^2 + Y^2\right\}$$

となるので原点 $(0,0)$ で $A > 0$ のときは (狭義) 極小値を，$A < 0$ のときは (狭義) 極大値をとる．

- $AC-B^2<0$ のとき，$X=x+\dfrac{B}{A}y,\ Y=\sqrt{\left|\dfrac{AC-B^2}{A^2}\right|}\,y$ と置けば，

$$f(x,y)\approx f(0,0)+\frac{A}{2}\left\{X^2-Y^2\right\}$$

となるので原点 $(0,0)$ では極値を取らない．

(2) $A=0,\ C\neq 0$ と仮定して変形すると

$$\begin{aligned}
f(x,y)&\approx f(0,0)+\frac{1}{2}\left\{2Bxy+Cy^2\right\}\\
&=f(0,0)+\frac{C}{2}\left\{y^2+2\frac{B}{C}xy\right\}\\
&=f(0,0)+\frac{C}{2}\left\{\left(y+\frac{B}{C}x\right)^2-\frac{B^2}{C^2}x^2\right\}.
\end{aligned}$$

- $B\neq 0$ のとき，$X=y+\dfrac{B}{C}x,\ Y=\dfrac{B}{C}x$ と置けば，

$$f(x,y)\approx f(0,0)+\frac{C}{2}\left\{X^2-Y^2\right\}$$

となるので原点 $(0,0)$ では極値を取らない．

- $B=0$ のときは 3 次以上の項も考えなくてはならず，極値の判定は難しい．

(3) $A=C=0,\ B\neq 0$ と仮定すると，

$$f(x,y)=f(0,0)+Bxy$$

となる．$X=x+y,\ Y=x-y$ と置く．2 つの式を足すと $X+Y=2x$，引けば $X-Y=2y$ となるので，

$$\begin{aligned}
f(x,y)&=f(0,0)+B\cdot\frac{X+Y}{2}\cdot\frac{X-Y}{2}\\
&=f(0,0)+\frac{B}{4}(X^2-Y^2)
\end{aligned}$$

となる．したがって，原点 $(0,0)$ では極値を取らない．

(4) $A=B=C=0$ と仮定すると，2 次の項がないので 3 次以上の項も考えなくてはならず，極値の判定は難しい．

今，原点のときの説明をしたが，一般の点 (a,b) においても同様に極値を判定できる．

極値の判定法

C^2 級の関数 $z=f(x,y)$ が点 (a,b) で $f_x(a,b)=f_y(a,b)=0$ を満たすとき

$$H=\begin{pmatrix} f_{xx}(a,b) & f_{xy}(a,b) \\ f_{xy}(a,b) & f_{yy}(a,b) \end{pmatrix},$$
$$\det(H)=f_{xx}(a,b)f_{yy}(a,b)-\{f_{xy}(a,b)\}^2$$

を考える.

このとき，次のことが言える.

(1) $\det(H)>0$ のとき
- $f_{xx}(a,b)>0$ ならば $f(x,y)$ は点 (a,b) で (狭義) 極小である.
- $f_{xx}(a,b)<0$ ならば $f(x,y)$ は点 (a,b) で (狭義) 極大である.

(2) $\det(H)<0$ のとき，$f(x,y)$ は点 (a,b) で極値をとらない.

注 3.16.2. H は 2 次の正方行列で，その行列式 $\det(H)$ を Hessian とよぶ．また，関数 $z=f(x,y)$ は C^2 級なので，$f_{xy}=f_{yx}$ と偏微分の順序が入れ替えられるので，H は対称行列になっていることに注意する.

注 3.16.3. $\det(H)=0$ のときは，極値を判定するのは難しい.

例 3.16.1. 関数 $z=f(x,y)=x^2+y^2$ の極値を求めよ.

$z_x=2x$, $z_y=2y$ となるので停留点は $(0,0)$ の 1 点である.

2 階の偏導関数を計算すると，$z_{xx}=2$, $z_{xy}=0$, $z_{yy}=2$.

点 $(0,0)$ では $\det(H)=2^2-0^2=4>0$. また，$z_{xx}(0,0)=2>0$. したがって，点 $(0,0)$ で極小値 0 をとる.

例 3.16.2. $z=x^3+y^3-3xy$ の極値を求めよ.

例 3.15.1 で見た様に $z_x=3x^2-3y$, $z_y=3y^2-3x$ となるので停留点は $(0,0)$, $(1,1)$ の 2 点である.

2 階の偏導関数を計算すると，$z_{xx}=6x$, $z_{xy}=-3$, $z_{yy}=6y$.

(1) 点 $(0,0)$ では，$z_{xx}(0,0)=0$, $z_{xy}(0,0)=-3$, $z_{yy}(0,0)=0$ となるので $\det(H)=0^2-(-3)^2=-9<0$. したがって，点 $(0,0)$ では極値をとらない.

(2) 点 $(1,1)$ では，$z_{xx}(1,1)=6$, $z_{xy}(1,1)=-3$, $z_{yy}(1,1)=6$ となるので $\det(H)=6^2-(-3)^2=27>0$. また，$z_{xx}(1,1)=6>0$. したがって，点 $(1,1)$ で極小値 -1 をとる.

3.17 対角化による極値の判定法

3.17.1 行列からの準備

次の行列の積を計算すると

$$
\begin{pmatrix} x & y \end{pmatrix} \begin{pmatrix} A & \dfrac{B}{2} \\ \dfrac{B}{2} & C \end{pmatrix} \begin{pmatrix} x \\ y \end{pmatrix} = \begin{pmatrix} x & y \end{pmatrix} \begin{pmatrix} Ax + \dfrac{B}{2}y \\ \dfrac{B}{2}x + Cy \end{pmatrix}
$$
$$
= \left(Ax^2 + Bxy + Cy^2\right).
$$

これを使うと，点 (a,b) が関数 $z = f(x,y)$ の停留点のとき

$$
\begin{aligned}
f(x,y) &\approx f(a,b) + \frac{1}{2}\left\{f_{xx}(a,b)x^2 + 2f_{xy}(a,b)xy + f_{yy}(a,b)y^2\right\} \\
&= f(a,b) + \frac{1}{2}\begin{pmatrix} x & y \end{pmatrix} \begin{pmatrix} f_{xx}(a,b) & f_{xy}(a,b) \\ f_{xy}(a,b) & f_{yy}(a,b) \end{pmatrix} \begin{pmatrix} x \\ y \end{pmatrix}
\end{aligned}
$$

と近似式が行列を使って書き換えられる．

3.17.2 対角化による極値の判定法

$H = \begin{pmatrix} f_{xx}(a,b) & f_{xy}(a,b) \\ f_{xy}(a,b) & f_{yy}(a,b) \end{pmatrix}$ は対称行列なので直交行列 P で対角化可能である．つまり，

$$
{}^tPHP = \begin{pmatrix} \lambda_1 & 0 \\ 0 & \lambda_2 \end{pmatrix}
$$

となる直交行列 P が存在する．これを変形すると

$$
H = P\begin{pmatrix} \lambda_1 & 0 \\ 0 & \lambda_2 \end{pmatrix}{}^tP
$$

となるので

$$
\begin{pmatrix} x & y \end{pmatrix} H \begin{pmatrix} x \\ y \end{pmatrix} = \begin{pmatrix} x & y \end{pmatrix} P \begin{pmatrix} \lambda_1 & 0 \\ 0 & \lambda_2 \end{pmatrix} {}^tP \begin{pmatrix} x \\ y \end{pmatrix}.
$$

注 3.17.1. 正方行列 P が直交行列であるとは ${}^tPP = P\,{}^tP = E$ となる，つまり $P^{-1} = {}^tP$ となることであったことに注意する．ただし，E は単位行列とする．

ここで $\begin{pmatrix} X \\ Y \end{pmatrix} = {}^tP \begin{pmatrix} x \\ y \end{pmatrix}$ と置き，両辺の転置行列をとると $\begin{pmatrix} X & Y \end{pmatrix} = \begin{pmatrix} x & y \end{pmatrix} P$ となるので

$$\begin{aligned} \begin{pmatrix} x & y \end{pmatrix} H \begin{pmatrix} x \\ y \end{pmatrix} &= \begin{pmatrix} X & Y \end{pmatrix} \begin{pmatrix} \lambda_1 & 0 \\ 0 & \lambda_2 \end{pmatrix} \begin{pmatrix} X \\ Y \end{pmatrix} \\ &= \left(\lambda_1 X^2 + \lambda_2 Y^2 \right). \end{aligned}$$

したがって，

$$f(x,y) \approx f(a,b) + \frac{1}{2}\left(\lambda_1 X^2 + \lambda_2 Y^2 \right).$$

$\lambda_1, \lambda_2 > 0$ のとき (狭義) 極小値を，$\lambda_1, \lambda_2 < 0$ のとき (狭義) 極大値をとる．また，λ_1, λ_2 が異符号，つまり，$\lambda_1\lambda_2 < 0$ のとき極値をとらない．

まとめると，

極値の判定法

関数 $z = f(x,y)$ が点 (a,b) で $f_x(a,b) = f_y(a,b) = 0$ を満たすとき

$$H = \begin{pmatrix} f_{xx}(a,b) & f_{xy}(a,b) \\ f_{xy}(a,b) & f_{yy}(a,b) \end{pmatrix}$$

と置き，そして，その固有値を λ_1, λ_2 とすると

(1) $\det(H) = \lambda_1\lambda_2 > 0$ のとき
- $\lambda_1 > 0$ ならば $f(x,y)$ は点 (a,b) で (狭義) 極小である．
- $\lambda_1 < 0$ ならば $f(x,y)$ は点 (a,b) で (狭義) 極大である．

(2) $\det(H) = \lambda_1\lambda_2 < 0$ のとき，$f(x,y)$ は点 (a,b) で極値をとらない．

例 **3.17.1.** 関数 $z = f(x,y) = xy - x^2 - y^2 - 2x - 2y$ の極値を求めよ．

先ず，$z_x = y - 2x - 2 = 0$, $z_y = x - 2y - 2 = 0$ となる点を求める．連立方程式 $\begin{cases} y = 2x + 2 \\ x - 2y - 2 = 0 \end{cases}$ を解けばよいので，1 つ目の式を 2 つ目の式に代入すると

$$\begin{aligned} x - 2(2x+2) - 2 &= 0 \\ x - 4x - 4 - 2 &= 0 \\ x &= -2 \end{aligned}$$

となる．したがって，停留点は $(-2,-2)$ の 1 点である．

2 階の偏導関数を計算すると，$z_{xx} = -2$, $z_{xy} = 1$, $z_{yy} = -2$.

行列 $H = \begin{pmatrix} -2 & 1 \\ 1 & -2 \end{pmatrix}$ の固有多項式を計算すると

$$\begin{aligned} \det(H) &= \det \begin{pmatrix} \lambda - (-2) & -1 \\ -1 & \lambda - (-2) \end{pmatrix} \\ &= (\lambda + 2)^2 - 1 \\ &= (\lambda + 2 + 1)(\lambda + 2 - 1) \\ &= (\lambda + 3)(\lambda + 1) \end{aligned}$$

となるので，固有値は $-1, -3$ である．したがって，点 $(-2, -2)$ で極大値 4 をとる．

例 3.17.2. 関数 $z = f(x, y) = x^3 - y^3 - 6xy$ の極値を求めよ．

先ず，$z_x = 3x^2 - 6y = 0$, $z_y = -3y^2 - 6x = 0$ となる点を求める．連立方程式 $\begin{cases} y = \dfrac{x^2}{2} \\ y^2 + 2x = 0 \end{cases}$ を解けばよいので，1 つ目の式を 2 つ目の式に代入すると

$$\begin{aligned} \frac{x^4}{4} + 2x &= 0 \\ x^4 + 8x &= 0 \\ x(x^3 + 8) &= 0 \\ x(x + 2)(x^2 - 2x + 4) &= 0 \end{aligned}$$

となる．したがって，停留点は $(0, 0)$, $(-2, 2)$ の 2 点である．

2 階の偏導関数を計算すると，$z_{xx} = 6x$, $z_{xy} = -6$, $z_{yy} = -6y$.

原点 $(0, 0)$ での行列 $H = \begin{pmatrix} 0 & -6 \\ -6 & 0 \end{pmatrix}$ の固有多項式を計算すると

$$\det(H) = \det \begin{pmatrix} \lambda & 6 \\ 6 & \lambda \end{pmatrix} = \lambda^2 - 36 = (\lambda + 6)(\lambda - 6)$$

となるので，固有値は $-6, 6$ である．したがって，点 $(0, 0)$ では極値をとらない．

点 $(-2, 2)$ での行列 $H = \begin{pmatrix} -12 & -6 \\ -6 & -12 \end{pmatrix}$ の固有多項式を計算すると

$$\begin{aligned} \det(H) &= \det \begin{pmatrix} \lambda - (-12) & 6 \\ 6 & \lambda - (-12) \end{pmatrix} \\ &= (\lambda + 12)^2 - 36 \\ &= (\lambda + 12 + 6)(\lambda + 12 - 6) \\ &= (\lambda + 18)(\lambda + 6) \end{aligned}$$

となるので，固有値は $-18, -6$ である．したがって，点 $(-2, 2)$ で極大値 8 をとる．

3.18 条件付き極値

3.18.1 条件付き極値

x-y 平面上の点 (x, y) がある条件 $\varphi(x, y) = 0$ を満たすときの関数 $z = f(x, y)$ の極値を求めたい．極値を求めたいので，$z_x = 0$ となる点の条件を求める．

$\varphi(x, y) = 0$ に陰関数の微分法を使うと

$$\frac{dy}{dx} = -\frac{\varphi_x}{\varphi_y}$$

となった．ただし，$\varphi_y \neq 0$ と仮定している．

z が極値をとる点では $z_x = 0$ となるので

$$z_x = \frac{\partial f}{\partial x} \cdot \frac{\partial x}{\partial x} + \frac{\partial f}{\partial y} \cdot \frac{\partial y}{\partial x} = f_x + f_y \frac{dy}{dx} = 0$$

$$f_x - f_y \frac{\varphi_x}{\varphi_y} = 0$$

よって，$\varphi_x \neq 0, \varphi_y \neq 0$ のとき

$$\frac{f_x}{\varphi_x} = \frac{f_y}{\varphi_y}.$$

条件付き極値をとる条件

条件 $\varphi(x, y) = 0$ のもとで，関数 $z = f(x, y)$ が極値をとる点では

$$\frac{f_x}{\varphi_x} = \frac{f_y}{\varphi_y}$$

が成り立つ．

つまり，連立方程式

$$\begin{cases} \varphi(x, y) = 0 \\ \dfrac{f_x}{\varphi_x} = \dfrac{f_y}{\varphi_y} \end{cases}$$

の解が極値をとる可能性のある点である。

ここで，$\dfrac{f_x}{\varphi_x} = \dfrac{f_y}{\varphi_y} = \lambda$ と置けば

$$f_x - \lambda\varphi_x = 0,\ f_y - \lambda\varphi_y = 0$$

と書き換えられるので，条件 $\varphi(x,y)=0$ のもとで，関数 $z=f(x,y)$ の極値をとる点を求めるには関数 $L(x,y,\lambda)=f(x,y)-\lambda\varphi(x,y)$ の停留点を求めればよい．

実際，

$$
\begin{aligned}
L_x &= f_x - \lambda\varphi_x \\
L_y &= f_y - \lambda\varphi_y \\
L_\lambda &= -\varphi
\end{aligned}
$$

となるので，(2 変数の) 条件付き極値が (3 変数の) 条件のない極値問題に書き換えられる．この方法を Lagrange の未定乗数法という．

例 3.18.1. $x^2+y^2=1$ のとき，関数 $z=x+2y+3$ が極値をとり得る点の座標を求めよ．

$L(x,y,\lambda)=(x+2y+3)-\lambda(x^2+y^2-1)$ と置き，関数 L の停留点の x-y 座標を求める．

連立方程式

$$
\begin{cases}
L_x = 1-2x\lambda = 0 \\
L_y = 2-2y\lambda = 0 \\
L_\lambda = -(x^2+y^2-1) = 0
\end{cases}
$$

を解く．

$$
\frac{1}{2x}=\lambda,\quad \frac{1}{y}=\lambda
$$

より，$y=2x$. したがって，

$$
\begin{aligned}
x^2+(2x)^2 &= 1 \\
5x^2 &= 1 \\
x &= \pm\frac{1}{\sqrt{5}}
\end{aligned}
$$

よって，関数 L の停留点の x-y 座標は

$$
\left(\pm\frac{1}{\sqrt{5}}, \pm\frac{2}{\sqrt{5}}\right) \quad (\text{複号同順})
$$

一般に，極値をとり得る点において，実際に極値を取るかどうか調べることは難しい．しかし，最大値または最小値については，存在することがわかっていれば，最大値・最小値をとる点は条件 $\varphi(x,y)=0$ が表す曲線の端点か，極値をとり得る点のいずれかである．

上の問題の場合，原点中心の半径 1 の円 $x^2+y^2=1$ は $x=\cos\theta,\ y=\sin\theta\ (0\leqq\theta\leqq 2\pi)$ と媒介変数表示できる．$z=\cos\theta+2\sin\theta+3\ (0\leqq\theta\leqq 2\pi)$ は有界閉区間上の連続関数となるので最大値・最小値が存在する．

円 $x^2+y^2=1$ は端点を持たないので，極値をとり得る点で最大値・最小値をとる．あとは，そこでの z の値を比べればよい．

$\left(\frac{1}{\sqrt{5}}, \frac{2}{\sqrt{5}}\right)$ のとき，$z=\frac{1}{\sqrt{5}}+2\cdot\frac{2}{\sqrt{5}}+3=\frac{\sqrt{5}}{5}+\frac{4\sqrt{5}}{5}+3=3+\sqrt{5}$.

$\left(-\frac{1}{\sqrt{5}}, -\frac{2}{\sqrt{5}}\right)$ のとき，$z=-\frac{1}{\sqrt{5}}-2\cdot\frac{2}{\sqrt{5}}+3=3-\sqrt{5}$.

したがって，$\left(\frac{1}{\sqrt{5}}, \frac{2}{\sqrt{5}}\right)$ のとき，最大値 $3+\sqrt{5}$，$\left(-\frac{1}{\sqrt{5}}, -\frac{2}{\sqrt{5}}\right)$ のとき，最小値 $3-\sqrt{5}$ をとる．

注 3.18.1. Lagrange の未定乗数法を使うとき，x, y の値だけで関数 f の値は求まるので，必ずしも λ の値を求める必要はない．

3.18.2 条件付き極値をとる条件の幾何学的意味

ここでは，条件付き極値をとる条件の幾何学的意味を説明するために，極値を求めたい関数 $z=f(x,y)$ の等高線を考える．

最初に，等高線 $f(x,y)=k_1$ と曲線 $\varphi(x,y)=0$ を図示して，交点が存在しない場合を考える．このとき，$\varphi(x,y)=0$ という曲線上では，関数 $z=f(x,y)$ は k_1 という値をとらないので，k_1 は極値になり得ない．

次に，等高線 $f(x,y)=k_2$ と曲線 $\varphi(x,y)=0$ を図示して，横断的に交わっている場合，つまり，交点における等高線 $f(x,y)=k_2$ の接ベクトルと曲線 $\varphi(x,y)=0$ の接ベクトルが 1 次独立 (平行でない) の場合を考える．このとき，交点から曲線 $\varphi(x,y)=0$ の上を動けば，k_2 よりも大きい値も小さい値も，両方ともとり得るので k_2 は極値ではない．

図が中側が低く，外側が高い等高線を表しているならば，ベクトルの始点になっている交点から左側へ曲線 $\varphi(x,y)=0$ を辿っていけば，小さい値を，右へ辿っていけば大きい値をとるので k_2 は極値にならない．

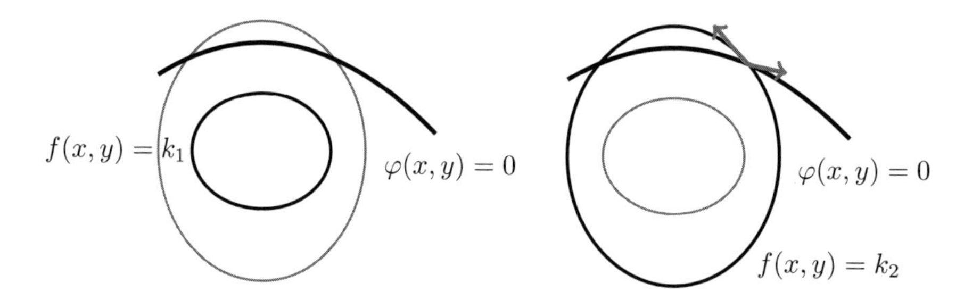

したがって，極値をとる点は等高線 $f(x,y)=k_3$ の接ベクトルと曲線 $\varphi(x,y)=0$ の接ベクトルが平行になっている交点である．別の言い方をすれば，等高線 $f(x,y)=k_3$ の法線ベクトル $\mathrm{grad}\, f=(f_x,f_y)$ と曲線 $\varphi(x,y)=0$ の法線ベクトル $\mathrm{grad}\,\varphi=(\varphi_x,\varphi_y)$ が平行になっている交点が極値をとり得る点である．

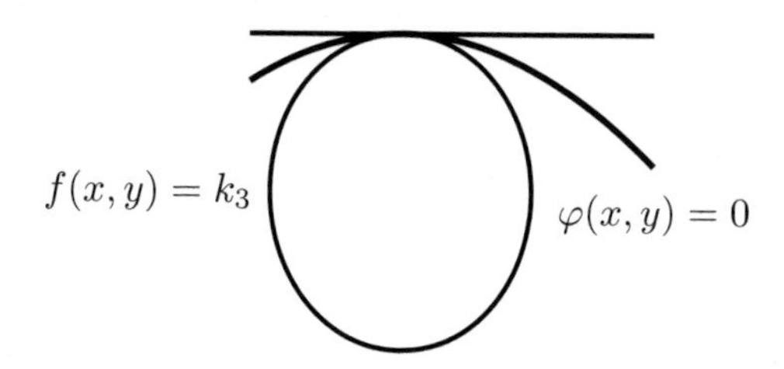

3.19 関数の最大・最小値

1 変数のときと同様に 2 変数関数についても有界閉集合上の連続関数は最大値および最小値を持つ．また，最大値および最小値は次の 3 種類の特別な点で起こる．

臨界点の定理

関数 $z = f(x, y)$ が領域 D で定義され，領域 D に含まれる点 (a, b) で最大値または最小値をとるとする．このとき，点 (a, b) は次の 3 つの種類のうちの 1 つになる．

(1) 領域 D の境界点

(2) $f_x(a, b) = f_y(a, b) = 0$ となる点 (停留点)

(3) $z = f(x, y)$ が全微分可能でない点 (特異点)

この 3 つの種類の点を総称して臨界点という．

上のことから滑らかな曲線を有限個つなぎ合わせた様な曲線で囲まれた有界閉集合上の連続関数の最大・最小値は次の様に求めればよい．

有界閉領域 D 上の連続関数の最大・最小値の求め方

- Step 1: 領域 D の内部にある $z = f(x, y)$ の臨界点を求める．
- Step 2: 領域 D の各境界線上に制限した関数の臨界点を求める．
- Step 3: それぞれの臨界点の z の値を求める．
- Step 4: 求めた z の値の中で最大の値が最大値で，最小の値が最小値である．

3.19.1 最大・最小の計算例

例 3.19.1. 原点 $(0, 0)$ と閉曲面 $z^2 = x^2y + 4$ の間の距離 d の最小値を求めよ．

原点からの距離 d は 0 以上なので d を最小にすることと d^2 を最小にすることは同値である．したがって，閉曲面 $z^2 = x^2y + 4$ 上で関数 $d^2 = x^2 + y^2 + z^2$ の最小値を求めればよい．

閉曲面 $z^2 = x^2y + 4$ と $x^2 + y^2 + z^2 = 7$ の共有点として $(1, 1, \sqrt{5})$ がとれるので関数 $d^2 = x^2 + y^2 + z^2$ を閉曲面 $z^2 = x^2y + 4$ と球 $x^2 + y^2 + z^2 \leqq 7$ の共通部分である有界閉集合 $(\neq \phi)$ に制限すれば，最小値が存在することがわかる．

関数 d^2 に $z^2 = x^2y + 4$ を代入すれば

$$d^2 = f(x, y) = x^2 + y^2 + x^2y + 4$$

となる．この関数は多項式関数なので全微分可能である．したがって，臨界点は停留点のみである．

$f_x = 2x + 2xy = 0$, $f_y = 2y + x^2 = 0$ となる点を求めればよい．連立方程式 $\begin{cases} 2x + 2xy = 0 \\ 2y = -x^2 \end{cases}$ を解けばよいので，2 つ目の式を 1 つ目の式に代入すると

$$\begin{aligned} 2x - x^3 &= 0 \\ x(2 - x^2) &= 0 \end{aligned}$$

となるので $x = 0, \pm\sqrt{2}$ となる．したがって，停留点は $(0,0)$, $(\sqrt{2}, -1)$, $(-\sqrt{2}, -1)$ の 3 点である．

最小値が存在することが分かっているので，3 つの臨界点での f の値を比べれば最小値が求められる．

$$f(0,0) = 4,\ f(\pm\sqrt{2}, -1) = 5$$

となるので，点 $(0,0,4)$ で距離の最小値 $\sqrt{4} = 2$ をとる．

注 3.19.1. 極値問題の練習のために，関数 f の極値を 2 通りの極値の判定法で求めておく．

2 階の偏導関数を計算すると，$f_{xx} = 2 + 2y$, $f_{xy} = 2x$, $f_{yy} = 2$.

点 $(0,0)$ では $\det(H) = 2^2 - 0^2 = 4 > 0$. また，$f_{xx}(0,0) = 2 > 0$. したがって，点 $(0,0)$ で極小値 4 をとる．

点 $(\pm\sqrt{2}, -1)$ では $\det(H) = 0 \cdot 2 - (\pm 2\sqrt{2})^2 = -8 < 0$. したがって，極値をとらない．

もちろん，行列による判定法を使っても点 $(0,0)$ で極小値をとり，点 $(\pm\sqrt{2}, -1)$ で極値をとらないことが次の様にして分かる．

点 $(0,0)$ で $H = \begin{pmatrix} 2 & 0 \\ 0 & 2 \end{pmatrix}$ となるので固有値は 2 である．したがって，点 $(0,0)$ で極小値 4 をとる．

点 $(\pm\sqrt{2}, -1)$ での $H = \begin{pmatrix} 0 & \pm 2\sqrt{2} \\ \pm 2\sqrt{2} & 2 \end{pmatrix}$ の固有多項式を計算すると

$$\begin{aligned} \det(H) &= \det \begin{pmatrix} \lambda - 0 & \mp 2\sqrt{2} \\ \mp 2\sqrt{2} & \lambda - 2 \end{pmatrix} \\ &= \lambda(\lambda - 2) - 8 \\ &= \lambda^2 - 2\lambda - 8 \\ &= (\lambda + 2)(\lambda - 4) \end{aligned}$$

となるので，固有値は $-2, 4$ である．したがって，点 $(\pm 2\sqrt{2}, -1)$ では極値をとらない．

3.19.2 条件付き極値および最大・最小の計算例

例 3.19.2. 有界閉集合 $D = \left\{(x,y) : x^2 + \dfrac{y^2}{4} = 1\right\}$ 上の関数 $f(x,y) = x^2 - y^2$ の最大値と最小値を求めよ．

D は有界閉集合なので，多項式関数 $f(x,y) = x^2 - y^2$ は最大値および最小値を持つ．

D は楕円なので，媒介変数表示 $x = \cos t$, $y = 2\sin t$ $(0 \leqq t \leqq 2\pi)$ で表せる．代入すれば関数 $g(t) = f(\cos t, 2\sin t)$ は 1 変数関数だと思える．微分すると

$$\begin{aligned} g'(t) &= \frac{\partial f}{\partial x}\cdot\frac{dx}{dt} + \frac{\partial f}{\partial y}\cdot\frac{dy}{dt} \\ &= 2x(-\sin t) - 2y(2\cos t) \\ &= -2\sin t\cos t - 8\sin t\cos t \\ &= -10\sin t\cos t = -5\sin 2t. \end{aligned}$$

$g'(t) = 0$ を解くと $t = 0, \dfrac{\pi}{2}, \pi, \dfrac{3}{2}\pi, 2\pi$ となる．0 と 2π は楕円上の同じ点を表すので，$f(x,y)$ の停留点は $(\pm1, 0)$, $(0, \pm2)$ の 4 点になる．4 点での f の値を比べると

$$f(\pm1, 0) = 1,\ f(0, \pm2) = -4$$

となるので 2 点 $(\pm1, 0)$ で最大値 1 を，2 点 $(0, \pm2)$ で最小値 -4 をとる．

今度は Lagrange の未定乗数法を使って求めてみる．

$L = x^2 - y^2 - \lambda\left(x^2 + \dfrac{y^2}{4} - 1\right)$ と置き，停留点の x-y 座標を求める．

連立方程式 $\begin{cases} L_x &= 2x - 2x\lambda = 2x(1-\lambda) = 0 \\ L_y &= -2y - \dfrac{1}{2}\lambda y = -\dfrac{1}{2}y(4+\lambda) = 0 \\ L_\lambda &= -\left(x^2 + \dfrac{y^2}{4} - 1\right) = 0 \end{cases}$ を解く．

1 つ目の式より $x = 0$ とすれば，3 つ目の式より $y = \pm2$ を得る．今度は 1 つ目の式より $\lambda = 1$ とすれば，2 つ目の式より $y = 0$ を得る．さらに，$y = 0$ を 3 つ目の式に代入すると $x = \pm1$ を得る．したがって，上と同様に 4 点 $(\pm1, 0)$, $(0, \pm2)$ が L の停留点の x-y 座標として出てくる．あとは媒介変数を使った時と同様に f に代入して最大値を求めればよい．

例 3.19.3. 有界閉集合 $D = \left\{(x,y) : x^2 + \dfrac{y^2}{4} \leqq 1\right\}$ 上の関数 $f(x,y) = x^2 + y^2 + 2$ の最大値と最小値を求めよ．

D は有界閉集合なので，多項式関数 $f(x,y) = x^2 + y^2 + 2$ は最大値および最小値を持つ．関数 $f(x,y)$ のグラフを考えると，D の内部で最小値を，境界で最大値をとることがわかる．

- 最小値：$f_x = 2x$, $f_y = 2y$ となるので停留点は $(0,0)$ だけである．$(0,0) \in D$ であることに注意する．
  2 階の偏導関数を計算すると $f_{xx}(0,0) = 2$, $f_{xy}(0,0) = 0$, $f_{yy}(0,0) = 2$ となるので $\det(H) = 2^2 - 0^2 = 4 > 0$. また，$z_{xx}(0,0) = 2 > 0$. したがって，点 $(0,0)$ で最小値 2 をとる．
- 最大値：媒介変数表示 $x = \cos t$, $y = 2\sin t \quad (0 \leqq t \leqq 2\pi)$ を代入すれば関数 $g(t) = f(\cos t, 2\sin t)$ は 1 変数関数だと思える．微分すると
$$\begin{aligned} g'(t) &= \frac{\partial f}{\partial x} \cdot \frac{dx}{dt} + \frac{\partial f}{\partial y} \cdot \frac{dy}{dt} \\ &= 2x(-\sin t) + 2y(2\cos t) \\ &= -2\sin t \cos t + 8 \sin t \cos t \\ &= 6 \sin t \cos t = 3 \sin 2t. \end{aligned}$$
  $g'(t) = 0$ を解くと $t = 0, \dfrac{\pi}{2}, \pi, \dfrac{3}{2}\pi, 2\pi$ となる．0 と 2π は楕円上の同じ点を表すので，$f(x,y)$ の停留点は $(\pm 1, 0)$, $(0, \pm 2)$ の 4 点になる．4 点での f の値を比べると
$$f(\pm 1, 0) = 3,\ f(0, \pm 2) = 6$$
  となるので，2 点 $(\pm 1, 0)$ で最小値 3 を，2 点 $(0, \pm 2)$ で最大値 6 をとる．

したがって，2 点 $(0, \pm 2)$ で最大値 6 を，点 $(0,0)$ で最小値 2 をとる．

今度は最大値を求めるのに Lagrange の未定乗数法を使って求めてみる．

$L = x^2 + y^2 + 2 - \lambda\left(x^2 + \dfrac{y^2}{4} - 1\right)$ と置き，停留点の x-y 座標をを求める．

連立方程式 $\begin{cases} L_x &= 2x - 2x\lambda = 2x(1-\lambda) = 0 \\ L_y &= 2y - \dfrac{1}{2}\lambda y = \dfrac{1}{2} y(4 - \lambda) = 0 \\ L_\lambda &= -\left(x^2 + \dfrac{y^2}{4} - 1\right) = 0 \end{cases}$ を解く．

1 つ目の式より $x = 0$ とすれば，3 つ目の式より $y = \pm 2$ を得る．今度は 1 つ目の式より $\lambda = 1$ とすれば，2 つ目の式より $y = 0$ を得る．さらに，$y = 0$ を 3 つ目の式に代入すると $x = \pm 1$ を得る．したがって，上と同様に 4 点 $(\pm 1, 0)$, $(0, \pm 2)$ が L の停留点の x-y 座標として出てくる．あとは媒介変数を使った時と同様に f に代入して最大値を求めればよい．

例 3.19.4. 有界閉領域 $D=\{(x,y):x\geqq 0,\ y\geqq 0,\ y\leqq 9-x\}$ 上の関数 $f(x,y)=2+2x+2y-x^2-y^2$ の最大値と最小値を求めよ．

先ずは，停留点を求める．

$f_x=2-2x=2(1-x)$，$f_y=2-2y=2(1-y)$ となるので領域内の停留点は点 $(1,1)$ の 1 点のみである．また，ここでの関数の値は $f(1,1)=4$ である．

次に境界をなす 3 つの線分を考える．

- 辺 OA では $y=0$ なので $f(x,0)=2+2x-x^2\ (0\leqq x\leqq 9)$ を考える．
  この線分での境界点 $(0,0)$, $(9,0)$ を考えると

  $$x=0 \text{ のとき} f(0,0)=2,$$
  $$x=9 \text{ のとき} f(9,0)=2+18-81=-61.$$

  また，$f_x(x,0)=2-2x=2(1-x)$ となるので $(1,0)$ で極大値 3 をとる．
- 辺 OB では $x=0$ なので $f(0,y)=2+2y-y^2$ を考える．辺 OA と同様に考えれば，臨界点は 3 つあり，そこでの f の値はそれぞれ $f(0,0)=2$, $f(0,9)=-61$, $f(0,1)=3$.
- 辺 AB では $y=9-x$ なので，

  $$g(x)=f(x,9-x)=2+2x+2(9-x)-x^2-(9-x)^2=-61+18x-2x^2\ (0\leqq x\leqq 9)$$

  を考える．$g'(x)=18-4x$ となるので点 $\left(\frac{9}{2},\frac{9}{2}\right)$ で極大値 $f\left(\frac{9}{2},\frac{9}{2}\right)=-\frac{41}{2}$ をとる．辺 AB の境界点は既に辺 OA, OB のときに考えてあるのでここでは省略する．

以上の結果をまとめると，最大値または最小値の候補は 4, 2, -61, 3, $-\frac{41}{2}$ となる．したがって，点 $(1,1)$ で最大値 4 を，点 $(0,9)$ と $(9,0)$ で最小値 -61 をとる．

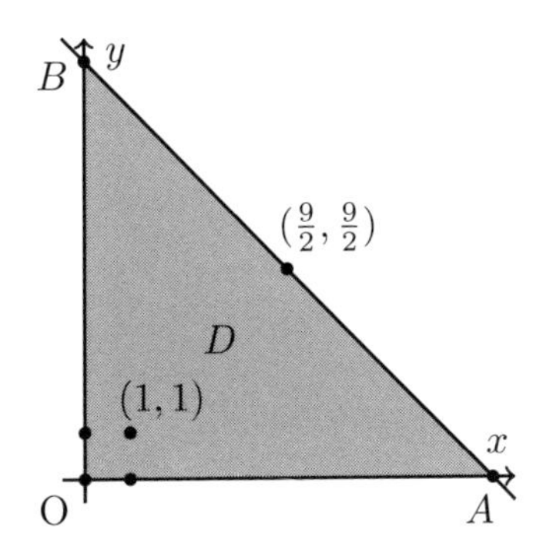

3.20 包絡線

3.20.1 曲線群の例

α を定数とするとき，方程式

$$(x-\alpha)^2+y^2=1$$

は中心が $(\alpha, 0)$，半径 1 の円を表す．

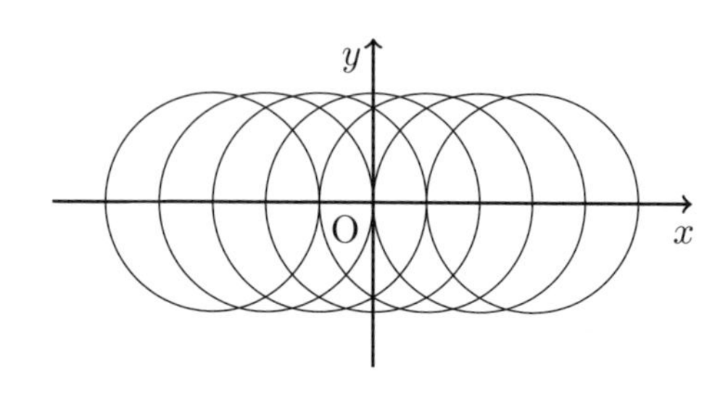

α を変えると，中心が x 軸にある半径 1 の円全てが出てくるので，方程式 $(x-\alpha)^2+y^2=1$ はこれらの円の族 (円群) を表す方程式と考えられる．

3.20.2 曲線群

一般に，変数 x, y の他に任意定数 α を含んでいる方程式

$$f(x,y,\alpha)=0$$

は，α の値を定めるごとに 1 つの曲線を表すので，上の方程式は α の値を変化させて得られる全ての曲線の族 (曲線群) を表している．

このとき，上の方程式を α を媒介変数とする曲線群の方程式という．

3.20.3 包絡線

曲線群に属する全ての曲線に接する曲線 (直線を含む) があるとき，これを曲線群の包絡線という．

例 3.20.1. 曲線群 $(x-\alpha)^2+y^2=1$ の包絡線は 2 直線 $y=\pm 1$ である．

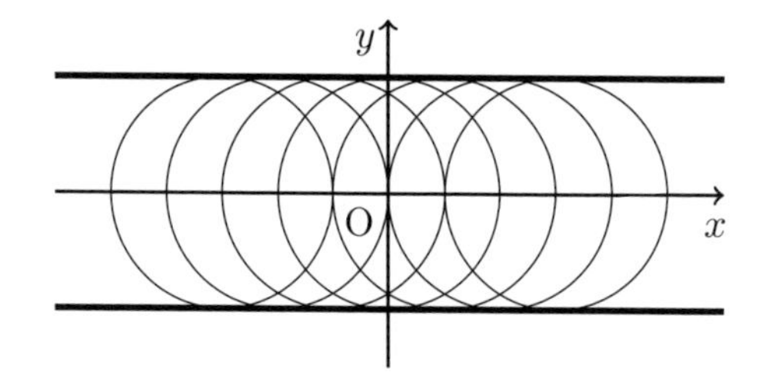

例 3.20.2. 微分方程式 $\left(\dfrac{dy}{dx}\right)^2 + x\dfrac{dy}{dx} - y = 0$ の一般解は $y = \alpha x + \alpha^2$ (αは任意定数) で，特異解は $y = -\dfrac{x^2}{4}$ である．特異解が一般解の包絡線になっている．

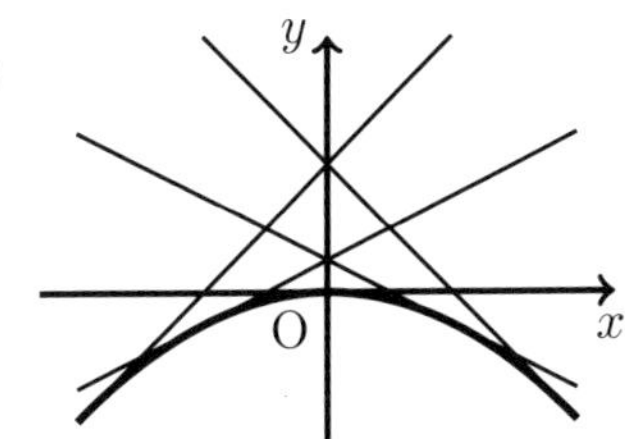

3.20.4 包絡線の方程式の求め方

媒介変数の値 α に対応する曲線 C_α と包絡線 C との接点 P の座標を (x, y) とすると，x, y は α の関数となるので

$$x = x(\alpha),\ y = y(\alpha)$$

と置く．このとき，$(x(\alpha), y(\alpha))$ は包絡線 C の α を媒介変数とする媒介変数表示であり，$x(\alpha)$, $y(\alpha)$ の満たすべき方程式が包絡線 C を表す方程式になる．

点 P における曲線 C_α の接線の傾きは，$f_y(x, y, \alpha) \neq 0$ のとき，陰関数の微分法から

$$\frac{dy}{dx} = -\frac{f_x(x, y, \alpha)}{f_y(x, y, \alpha)}.$$

点 P における包絡線 C の接線の傾きは，$\dfrac{dx}{d\alpha} \neq 0$ のとき，

$$\frac{dy}{dx} = \frac{\dfrac{dy}{d\alpha}}{\dfrac{dx}{d\alpha}}.$$

曲線 C_α と包絡線 C は点 P で接しているので，点 P での 2 つの曲線の接線は一致する．

もちろん傾きも等しくなるので

$$-\frac{f_x(x, y, \alpha)}{f_y(x, y, \alpha)} = \frac{\dfrac{dy}{d\alpha}}{\dfrac{dx}{d\alpha}}$$

$$f_x(x, y, \alpha)\frac{dx}{d\alpha} + f_y(x, y, \alpha)\frac{dy}{d\alpha} = 0.$$

共通接線　C　C_α　P

さらに，点 $(x(\alpha), y(\alpha))$ は曲線 C_α 上にあるから

$$f(x(\alpha), y(\alpha), \alpha) = 0$$

を満たす．この式の両辺を α について合成関数の微分法を使って微分すると，

$$f_x(x, y, \alpha)\frac{dx}{d\alpha} + f_y(x, y, \alpha)\frac{dy}{d\alpha} + f_\alpha(x, y, \alpha) = 0$$
$$f_\alpha(x, y, \alpha) = 0.$$

したがって，包絡線 C 上の点 P の座標 (x,y) は連立方程式

$$f(x,y,\alpha)=f_\alpha(x,y,\alpha)=0$$

を満たす．この 2 つの式から媒介変数である α を消去すると，包絡線の方程式が求められる．

例 3.20.3. α を媒介変数とする直線群 $y=\alpha x+\alpha^2$ の包絡線の方程式を求めよ．

$y=\alpha x+\alpha^2$ を変形すると $\alpha x+\alpha^2-y=0$ となるので $f(x,y,\alpha)=\alpha x+\alpha^2-y$ と置くと

$$f_\alpha(x,y,\alpha)=x+2\alpha.$$

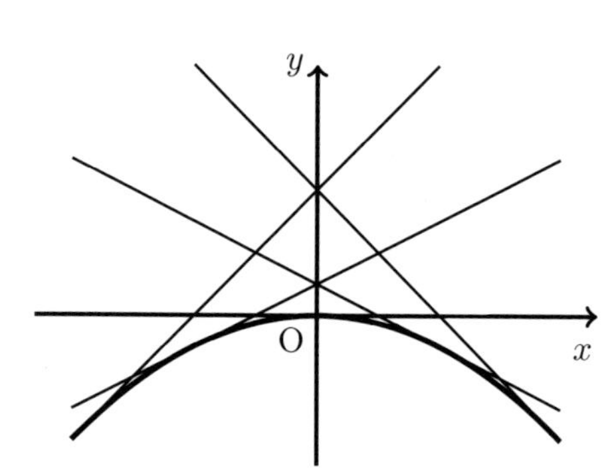

連立方程式

$$\begin{cases} f(x,y,\alpha)=\alpha x+\alpha^2-y=0 \\ f_\alpha(x,y,\alpha)=x+2\alpha=0 \end{cases}$$

から α を消去すればよい．

2 つ目の式より $\alpha=-\dfrac{x}{2}$ となるので，これを 1 つ目の式に代入すると

$$y=\left(-\frac{x}{2}\right)x+\left(-\frac{x}{2}\right)^2=-\frac{x^2}{4}.$$

したがって，包絡線の方程式は $y=-\dfrac{x^2}{4}$.

もっと一般に，Clairaut の 1 階の微分方程式 $y=y'x+f(y')$ の一般解の包絡線が特異解になっていることが示せる．実際，両辺を微分すると

$$y'=y''x+y'+f'(y')y''$$
$$y''\{x+f'(y')\}=0.$$

したがって，

$$y''=0 \text{ または } x+f'(y')=0.$$

$y''=0$ であれば $y'=\alpha$ (ただし，α は定数) となるのでもとの微分方程式に代入すると $y=\alpha x+f(\alpha)$ という一般解を得る．

$x+f'(y')=0$ であれば y' を媒介変数だと思う．そして，この関係式を使ってもとの微分方程式 $y=y'x+f(y')$ から y' を消去して得られる関数が特異解になるとともに一般解の包絡線の方程式にもなる．

注 3.20.1. $f(y')$ が y' について 1 次式，つまり $f'(y')=ay'+b$ なら線形微分方程式であるが，1 次式でなければ線形微分方程式ではないことに注意する．また，一般解を求める時に f は 1 階微分可能と仮定して解いているが，微分可能性に関わらず，$y=\alpha x+f(\alpha)$ が一般解になる．

第 4 章

重積分

4.1 重積分と面積の定義

4.1.1 2 変数関数の積分の目的

1 変数関数の積分は長さや面積の計算に使われていた．2 変数関数の積分 (重積分) がどのような計算に使われるのか，具体例を見ていこう．

- 体積：与えられた関数 $z = f(x, y)$ $(\geqq 0)$ に対して，そのグラフと x-y 平面 $(z = 0)$ で囲まれた部分の体積は重積分によって表される．
- 面積：体積の説明のときに出てきた関数 $z = f(x, y)$ $(\geqq 0)$ を定数関数 $z = 1$ とすれば，高さ 1 の立体となるのでこの重積分を面積の定義とする．
- 土地の価格：x-y 平面内の点 (x, y) における地価が関数 $z = f(x, y)$ で与えられているとき，土地 D の価格は関数 $z = f(x, y)$ の重積分によって表される．

4.1.2 重積分の定義

重積分の定義は少し複雑なので 4 つのステップに分けて説明する．

(1) 区画の分割：先ずは，閉区画 $D = [a, b] \times [c, d]$ 上で定義された関数 $z = f(x, y)$ の重積分を定義していく．ただし，関数 $z = f(x, y)$ は連続関数とは限らないことに注意する．
区間 $[a, b]$ を m 個の区間に，区間 $[c, d]$ を n 個の区間に分割する点を

$$a = x_0 < x_1 < \cdots < x_{m-1} < x_m = b,\ c = y_0 < y_1 < \cdots < y_{n-1} < y_n = d$$

とする．このとき，閉区画 $D = [a, b] \times [c, d]$ は mn 個の閉区画 $D_{ij} = [x_{i-1}, x_i] \times [y_{j-1}, y_j]$ に分割される．ただし，$1 \leqq i \leqq m$, $1 \leqq j \leqq n$ である．

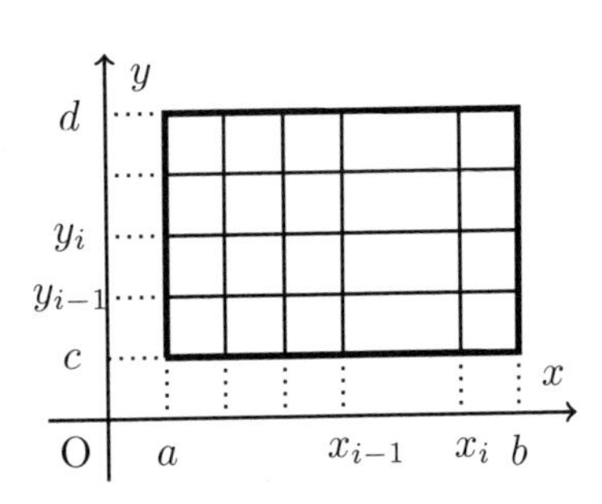

(2) リーマン和：それぞれの閉区画 D_{ij} から，代表点 $(x_{ij}, y_{ij}) \in D_{ij}$ をとってきて

$$\sum = \sum_{j=1}^{n} \sum_{i=1}^{m} f(x_{ij}, y_{ij})(x_i - x_{i-1})(y_j - y_{j-1})$$

と置き，これをリーマン和という．

注 4.1.1. 今、土地の価格を計算しているとすれば，$f(x_{ij}, y_{ij})$ が閉区画 D_{ij} の土地の単価の近似値で，$(x_i - x_{i-1})(y_j - y_{j-1})$ が閉区画 D_{ij} の面積である．代表点 $(x_{ij}, y_{ij}) \in D_{ij}$ を上手く選んでくれば，価格を低く見積もったり，高く見積もったり出来ると思うかもしれないが，閉区画の分割を細かくしていったときの極限が存在するとき，つまり，どう見積ろうが同じ値に近づくときのみ積分を考える．

(3) 区画上の重積分：関数 $z = f(x, y)$ が閉区画 D 上で積分可能であるとは，区画の分割の最大幅

$$\max\{|x_1 - x_0|, \cdots, |x_m - x_{m-1}|, |y_1 - y_0|, \cdots, |y_n - y_{n-1}|\}$$

が 0 に近づく様に区画の分割を細かくしていったとき，分割の選び方・代表点の選び方によらず，リーマン和 $\sum$ が一定の値 I に近づくことをいう．このとき，その値を

$$I = \iint_D f(x, y)\, dxdy$$

で表し，I を関数 $z = f(x, y)$ の閉区画 D 上での重積分という．また，D を積分領域，$f(x, y)$ を被積分関数という．

注 4.1.2. 1 次元の積分が「細長い長方形の面積の和の極限」であった様に，2 次元の重積分は「細長い直方体の体積の和の極限」になる．下の図は関数 $f(x, y) = x^2 + y^2$ と区画 $D = [0, 2] \times [0, 2]$ に対し，区間 $[0, 2]$ を 2 等分，4 等分したときのリーマン和を図示したものである．ただし，高さは分割された各区画で一番小さい値を取っている．

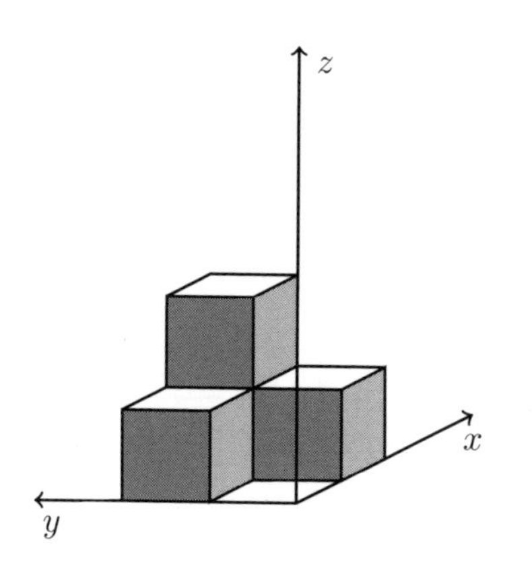

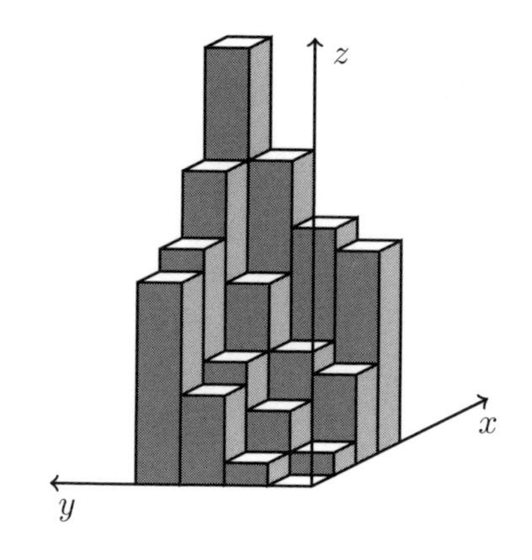

(4) 一般の有界集合上の重積分：集合 D を含む区画が存在するとき，集合 D を有界集合という．区画ではない有界集合 D 上の重積分は D 上の被積分関数 $x = f(x, y)$ を D を含む区画 $\widetilde{D}$ に 0 で拡張して定義する．つまり，

$$\tilde{f}(x, y) = \begin{cases} f(x, y) & (x, y) \in D \\ 0 & (x, y) \notin D \end{cases}$$

と定義し，$\tilde{f}(x, y)$ が閉区画 $\widetilde{D}$ 上で積分可能なとき $f(x, y)$ は D 上，積分可能であるといい，次の様に定義する．

$$\iint_D f(x, y)\,dxdy = \iint_{\widetilde{D}} \tilde{f}(x, y)\,dxdy$$

注 4.1.3. 一般には，D 上の関数 $z = f(x, y)$ が連続であっても，0 で拡張した関数 $z = \tilde{f}(x, y)$ は D の境界 ∂D で連続とは限らないことに注意する．また，積分の値は区画 $\widetilde{D}$ の選び方によらない．

4.1.3 面積の定義

小学生以来，曖昧に使ってきた「面積」という概念を厳密に定義する．有界な平面集合 D に対して，定数関数 $z = 1$ が D 上積分可能であるとき，すなわち $\iint_D 1\,dxdy$ が存在するとき，集合 D は面積確定といい，その積分の値を D の面積といい，$\mathrm{Area}(D)$ で表す．

例 4.1.1. 閉区画 $D = [a, b] \times [c, d]$ は面積確定であり，$\mathrm{Area}(D) = (b-a)(d-c)$ となる．

実際，

$$\begin{aligned} \mathrm{Area}(D) &= \lim \left(\sum_{j=1}^{n} \sum_{i=1}^{m} 1 \cdot (x_i - x_{i-1})(y_j - y_{j-1}) \right) \\ &= \left(\lim \sum_{i=1}^{m} (x_i - x_{i-1}) \right) \cdot \left(\lim \sum_{j=1}^{n} (y_j - y_{j-1}) \right) = (b-a)(d-c) \end{aligned}$$

となる．ただし，x_i, y_j 等は重積分の定義で使った記号であり，極限は $\max\{|x_i - x_{i-1}|, |y_j - y_{j-1}|\} \to 0$ の極限とする．

例 4.1.2. 閉区間 $[a, b]$ 上定義された 2 つの連続関数 $y_1(x)$, $y_2(x)$ $(y_1(x) \leqq y_2(x))$ に対して集合

$$D = \{(x, y) : a \leqq x \leqq b,\ y_1(x) \leqq y \leqq y_2(x)\}$$

は面積確定である．

一般に，境界が有限個の区分的に滑らかな曲線からなる有界閉領域は面積確定である．

注 4.1.4. 媒介変数で表された曲線 $(x(t), y(t))$ が滑らな曲線とは 2 つの関数 $x(t)$, $y(t)$ がともに t の関数として C^∞ 級となる場合をいう．

面積確定な領域上の連続関数については次のことが成り立つ.

連続性と積分可能性

関数 $z = f(x, y)$ が面積確定な有界閉領域 D 上で連続であるとする．このとき関数 $z = f(x, y)$ は D 上積分可能である.

注 4.1.5. 今後は上の条件を満たすものばかりを扱うので，積分領域が面積確定かどうか，関数が積分可能かどうかについては特に断らず，積分可能と仮定する.

4.1.4 重積分の性質

重積分の基本的な性質を証明なしで並べておく.

重積分の性質

$z = f(x, y)$, $z = g(x, y)$ を連続関数，D, D_1, D_2 を面積確定な有界閉領域とする.

(1) $\mathrm{Area}(D_1 \cap D_2) = 0$ のとき，

$$\iint_{D_1 \cup D_2} f(x, y)\, dxdy = \iint_{D_1} f(x, y)\, dxdy + \iint_{D_2} f(x, y)\, dxdy.$$

(2) α, β を定数とするとき，

$$\iint_D \alpha f(x, y) + \beta g(x, y)\, dxdy = \alpha \iint_D f(x, y)\, dxdy + \beta \iint_D g(x, y)\, dxdy.$$

(3) D 上 $f(x, y) \leqq g(x, y)$ ならば，

$$\iint_D f(x, y)\, dxdy \leqq \iint_D g(x, y)\, dxdy.$$

特に，$m \leqq f(x, y) \leqq M$ ならば，

$$m \cdot \mathrm{Area}(D) \leqq \iint_D f(x, y)\, dxdy \leqq M \cdot \mathrm{Area}(D).$$

注 4.1.6. 閉区画 $[a, b] \times [c, d]$ の境界の面積は 0 なので，閉区画で考えても，開区画で考えても積分は同じ値になるので，この章ではどちらも単に，区画とよぶ.

4.2 区画上の累次積分と Fibini の定理

この節では区画上での重積分について説明する．

4.2.1 累次積分と Fubini の定理

区画 $D = [a,b] \times [c,d]$ 上で積分可能な関数 $z = f(x,y)$ $(\geqq 0)$ の重積分 $\displaystyle\iint_D f(x,y)\,dxdy$ は区画 D と関数 $z = f(x,y)$ の間の立体の体積を表している．この体積は y-z 平面に平行な平面 $x = x_1$ $(a \leqq x_1 \leqq b)$ による切断面の面積 $\displaystyle\int_c^d f(x_1,y)\,dy$ の a から b までの積分としても表される．

したがって，

$$\iint_D f(x,y)\,dxdy = \int_a^b \left(\int_c^d f(x,y)\,dy \right) dx$$

となる．

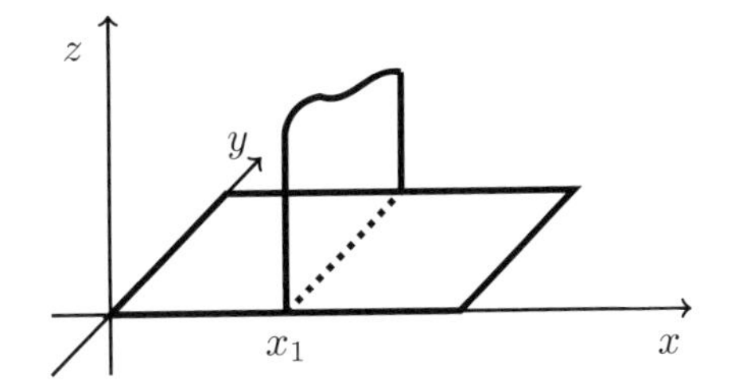

同様に，体積を x-z 平面に平行な平面 $y = y_1$ $(c \leqq y_1 \leqq d)$ による切断面の面積の積分と考えれば

$$\iint_D f(x,y)\,dxdy = \int_c^d \left(\int_a^b f(x,y)\,dx \right) dy.$$

区画上での重積分は積分の積分として計算できる．そして，積分の積分を累次積分という．

代入する変数を明示したいときには，

$$[F(x,y)]_{x=a}^{x=b} = F(b,y) - F(a,y)$$

という様に書くことがある．

まとめると次の Fubini の定理を得る．

Fubini の定理

区画 $D=[a,b]\times[c,d]$ 上の関数 $z=f(x,y)$ の重積分に対して

$$\iint_D f(x,y)\,dxdy=\int_a^b\left(\int_c^d f(x,y)\,dy\right)dx=\int_c^d\left(\int_a^b f(x,y)\,dx\right)dy$$

が成り立つ．

特に，被積分関数が x だけの関数 $f(x)$ と y だけの関数 $g(y)$ の積のとき，つまり $z=f(x)\cdot g(y)$ のときは，

$$\iint_D f(x)\cdot g(y)\,dxdy=\left(\int_a^b f(x)\,dx\right)\cdot\left(\int_c^d g(y)\,dy\right).$$

例 **4.2.1.** $D=[0,1]\times[0,2]$ とするとき，重積分 $\displaystyle\iint_D xy\,dxdy$ の値を求めよ．

$$\begin{aligned}\iint_D xy\,dxdy&=\left(\int_0^1 x\,dx\right)\cdot\left(\int_0^2 y\,dy\right)\\&=\left[\frac{x^2}{2}\right]_0^1\cdot\left[\frac{y^2}{2}\right]_0^2\\&=\frac{1}{2}\cdot 2=1\end{aligned}$$

もちろん次の様に計算してもよい．

$$\begin{aligned}\iint_D xy\,dxdy&=\int_0^2\left(\int_0^1 xy\,dx\right)dy\\&=\int_0^2\left[\frac{x^2y}{2}\right]_0^1 dy\\&=\int_0^2\frac{y}{2}\,dy\\&=\left[\frac{y^2}{4}\right]_0^2=1\end{aligned}$$

$$\begin{aligned}\iint_D xy\,dxdy&=\int_0^1\left(\int_0^2 xy\,dy\right)dx\\&=\int_0^1\left[\frac{xy^2}{2}\right]_0^2 dx\\&=\int_0^1 2x\,dx\\&=\left[x^2\right]_0^1=1\end{aligned}$$

例 4.2.2. $D = [0,1] \times [0,2]$ とするとき，重積分 $\displaystyle\iint_D (x+y)\,dxdy$ の値を求めよ．

$$\begin{aligned}
\iint_D (x+y)\,dxdy &= \iint_D x\,dxdy + \iint_D y\,dxdy \\
&= \left(\int_0^1 x\,dx\right)\cdot\left(\int_0^2 dy\right) + \left(\int_0^1 dx\right)\cdot\left(\int_0^2 y\,dy\right) \\
&= \left[\frac{x^2}{2}\right]_0^1 \cdot 2 + 1 \cdot \left[\frac{y^2}{2}\right]_0^2 \\
&= \frac{1}{2}\cdot 2 + 1 \cdot 2 = 3
\end{aligned}$$

例 4.2.3. $D = [0,1] \times [0,2]$ とするとき，重積分 $\displaystyle\iint_D e^{x+y}\,dxdy$ の値を求めよ．

$$\begin{aligned}
\iint_D e^{x+y}\,dxdy &= \iint_D e^x \cdot e^y\,dxdy \\
&= \left(\int_0^1 e^x\,dx\right)\cdot\left(\int_0^2 e^y\,dy\right) \\
&= [e^x]_0^1 \cdot [e^y]_0^2 \\
&= (e-1)(e^2-1)
\end{aligned}$$

例 4.2.4. $D = [0,1] \times [0,2]$ とするとき，重積分 $\displaystyle\iint_D \frac{1}{1+x+2y}\,dxdy$ の値を求めよ．

$$\begin{aligned}
\iint_D \frac{1}{1+x+2y}\,dxdy &= \int_0^2 \left(\int_0^1 \frac{1}{1+x+2y}\,dx\right) dy \\
&= \int_0^2 \left([\log(1+x+2y)]_0^1\right) dy \\
&= \int_0^2 (\log(2+2y) - \log(1+2y))\,dy \\
&= \int_0^2 (\log(1+y) + \log 2 - \log(1+2y))\,dy
\end{aligned}$$

ここで，部分積分から $\displaystyle\int \log x\,dx = x\log x - x + C$ と求まったので

$$\int_0^2 \log(1+y)\,dy = [(1+y)\log(1+y) - (1+y)]_0^2 = 3\log 3 - 2$$

$$\int_0^2 \log(1+2y)\,dy = \frac{1}{2}\left[(1+2y)\log(1+2y) - (1+2y)\right]_0^2 = \frac{5}{2}\log 5 - 2$$

となる．したがって，求める積分の値は $2\log 2 + 3\log 3 - \dfrac{5}{2}\log 5$.

4.3 不等式の表す領域の復習

積分する領域は不等式で表示されることが多いので，ここでは不等式の表す領域について復習する．

不等式の表す領域の図示の仕方

- Step 1: 不等号を等号にした方程式が表す図形を図示して，x-y 平面を幾つかの領域に分割する．
- Step 2: それぞれの領域から代表点を取ってきてもとの不等式に代入する．不等式が成り立つならば，その領域全体で不等式が成り立つ．成り立たないならば，その領域全体で不等式は成り立たない．

例 4.3.1. 不等式 $3x - 6 < 0$ を解け．

- Step 1: $3x - 6 = 0$，つまり $x = 2$ を図示すると数直線が 2 より右側と左側の 2 つの領域に分割される．
- Step 2: 2 より左側の代表として 0，右側の代表として 3 を取ってくる．
  $x = 0$ をもとの不等式に代入すると
  $$3 \cdot 0 - 6 = -6 < 0$$
  となるので成り立つ．つまり，$x < 2$ は不等式の解に含まれる．
  $x = 3$ をもとの不等式に代入すると
  $$3 \cdot 3 - 6 = 9 - 6 = 3 \not< 0$$
  となるので成り立たない．つまり，$x > 2$ は不等式の解に含まれない．
  上のことより，不等式 $3x - 6 < 0$ の解は $x < 2$ である．

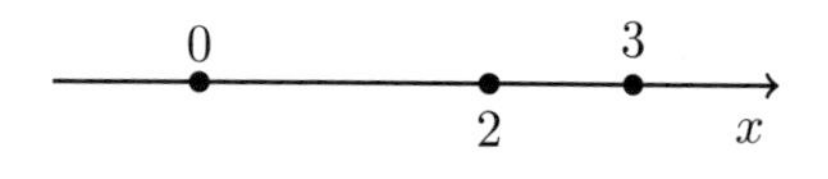

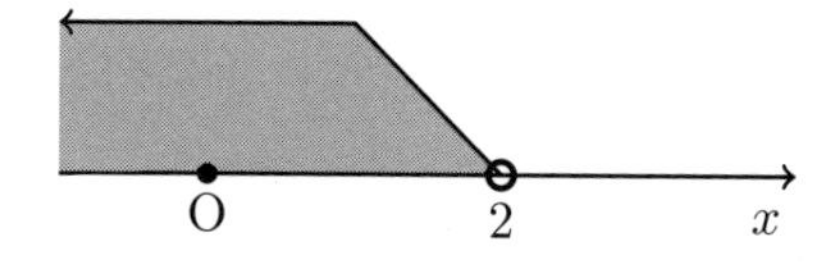

注 4.3.1. $9 - 6 = 3$ と計算したが，不等式が成り立つかどうかだけが分かればよいので，具体的な数値を計算する必要はないことに注意する．

例 **4.3.2.** 不等式 $y \leqq -x+1$ の表す領域を図示せよ．

- Step 1: 直線 $y=-x+1$ を図示すると平面は直線 $y=-x+1$ より上側と下側の 2 つの領域に分割される．
- Step 2: 上側の代表として点 $(1,1)$，下側の代表として原点 $(0,0)$ を取ってくる．
  $x=y=1$ をもとの不等式に代入すると
  $$1 \nleqq -1+1=0$$
  となるので成り立たない．つまり，直線の上側は不等式の解に含まれない．
  $x=y=0$ をもとの不等式に代入すると
  $$0<0+1=1$$
  となるので成り立つ．つまり，直線の下側は不等式の解に含まれる．
  さらに，境界線も不等式の解に含まれる．

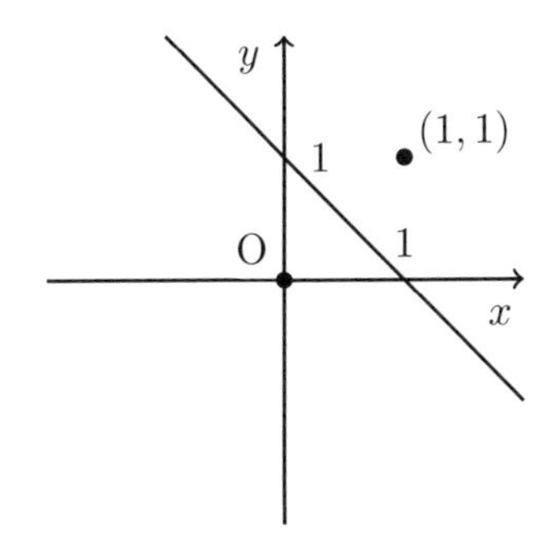

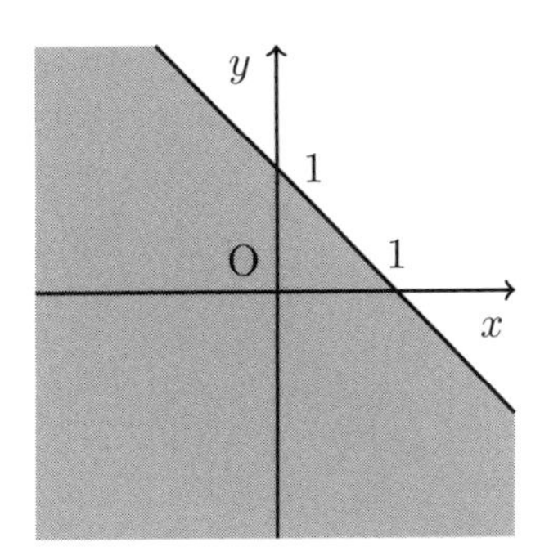

例 **4.3.3.** 連立不等式 $\begin{cases} |x-y| \leqq 1 \\ |x+y| \leqq 1 \end{cases}$ の表す領域を図示せよ．

- Step 1: $|x-y|=1$ は $x-y=\pm1$ なので 2 直線 $y=x-1$, $y=x+1$ を表す．同様に $|x+y|=1$ は $x+y=\pm1$ なので 2 直線 $y=-x-1$, $y=-x+1$ を表す．したがって，x-y 平面は 9 つの領域に分割される．

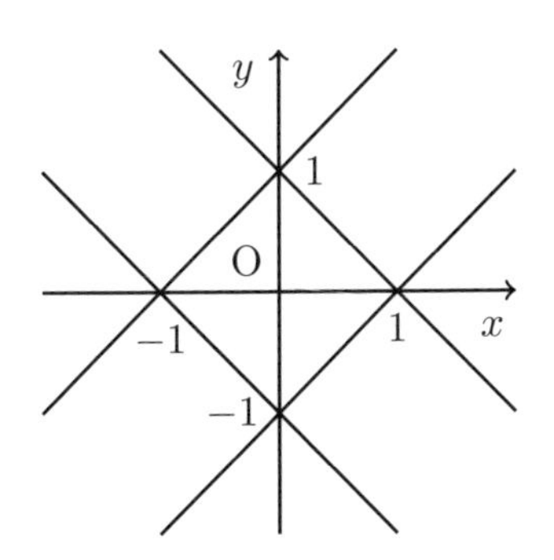

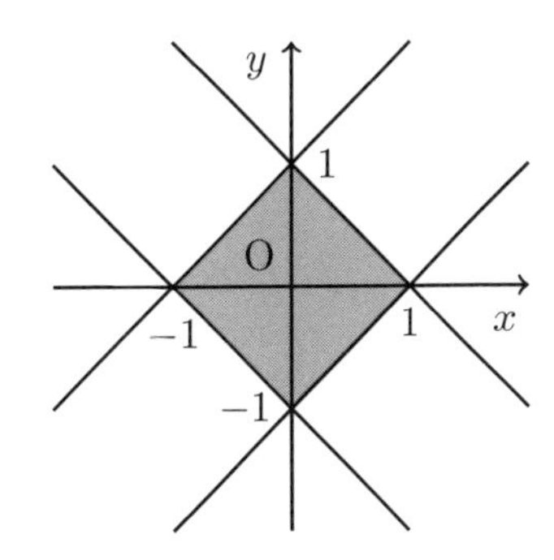

- Step 2: 9 つの領域から代表点を取ってくる．例えば，

$$(2,0),\ (1,1),\ (0,2),\ (-1,1),\ (-2,0),\ (-1,-1),\ (0,-2),\ (1,-1),\ (0,0)$$

を取ってきて，もとの不等式に代入する．
原点 $(0,0)$ のみ両方の不等式を満たすので，原点を含む領域のみ不等式の解となる．
さらに，境界線も不等式の解に含まれる．

注 4.3.2. 連立不等式のときは不等式の表す領域を 1 つ 1 つ別々に図示して，あとから重ね合わせても良い．

- Step 1: $|x-y|=\pm1$ は 2 直線 $y=x-1$, $y=x+1$ を表す．したがって，x-y 平面は 3 つの領域に分割される．
- Step 2: 3 つの領域から代表点を取ってくる．例えば，

$$(0,2),\ (0,0),\ (0,-2)$$

を取ってきて，もとの不等式 $|x-y|\leqq 1$ に代入する．
原点 $(0,0)$ のみ不等式を満たすので，原点を含む領域のみ不等式の解となる．
さらに，境界線も不等式の解に含まれる．

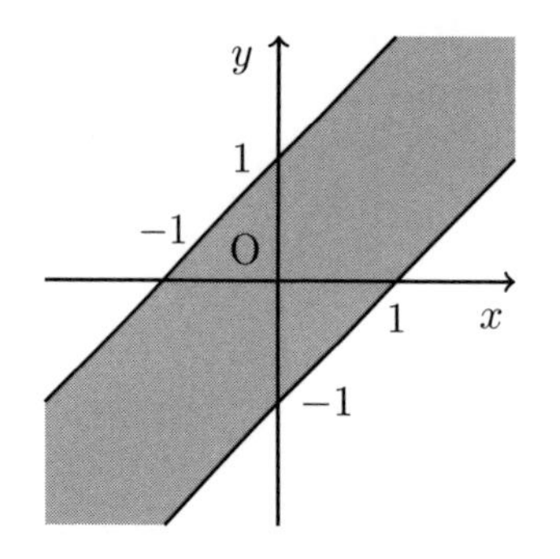

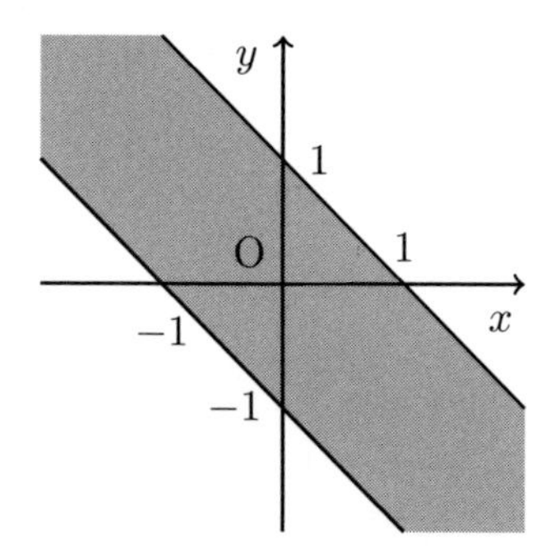

不等式 $|x+y|\leqq 1$ についても同様に図示すると右上の図の様になる．この 2 つの共通部分，つまり重なる部分が求める領域になる．

4.4 累次積分

4.4.1 縦線領域と横線領域

x の関数 $y = \phi_1(x)$, $y = \phi_2(x)$ を区間 $[a, b]$ 上の C^1 級の関数とする．このとき

$$D = \{(x, y) : a \leqq x \leqq b,\ \phi_1(x) \leqq y \leqq \phi_2(x)\}$$

の形で表される平面集合を縦線領域という．

y の関数 $x = \varphi_1(y)$, $x = \varphi_2(y)$ を区間 $[c, d]$ 上の C^1 級の関数とする．このとき

$$D = \{(x, y) : \varphi_1(y) \leqq x \leqq \varphi_2(y),\ c \leqq y \leqq d\}$$

の形で表される平面集合を横線領域という．

注 4.4.1. 縦線領域のときは x が数字から数字の範囲を動き，横線領域のときは y が数字から数字の範囲を動くことに注意する．

4.4.2 累次積分

関数 $z = f(x, y)$ の縦線領域 $D = \{(x, y) : a \leqq x \leqq b,\ \phi_1(x) \leqq y \leqq \phi_2(x)\}$ 上の重積分を考える．このとき，y-z 平面に平行な平面 $x = x_1$ で切った切断面の面積は $\displaystyle\int_{\phi_1(x_1)}^{\phi_2(x_1)} f(x_1, y)\, dy$ となるので，この面積の x についての積分 $\displaystyle\int_a^b \left(\int_{\phi_1(x)}^{\phi_2(x)} f(x, y)\, dy\right) dx$ が体積になる．

したがって，

$$\iint_D f(x, y)\, dxdy = \int_a^b \left(\int_{\phi_1(x)}^{\phi_2(x)} f(x, y)\, dy\right) dx.$$

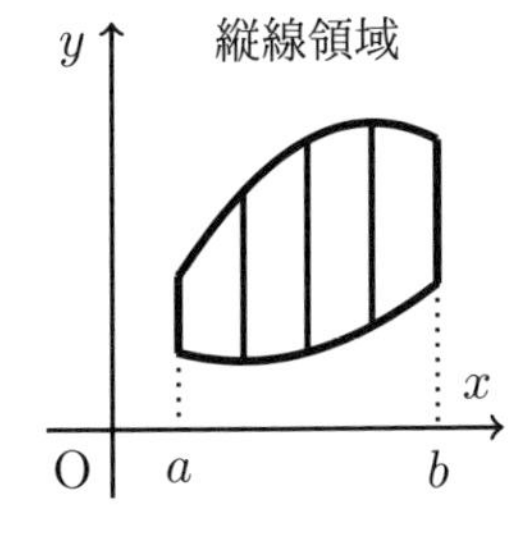

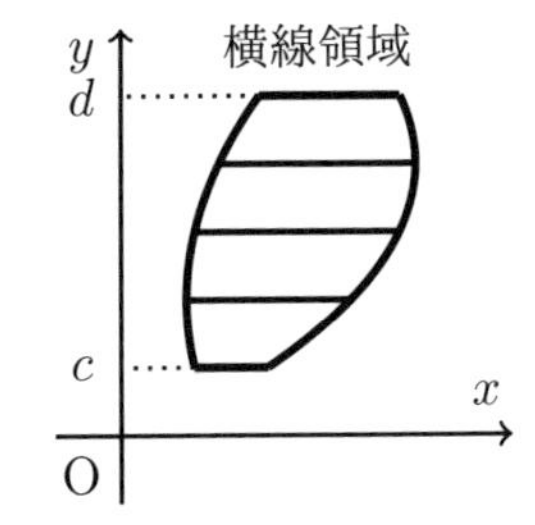

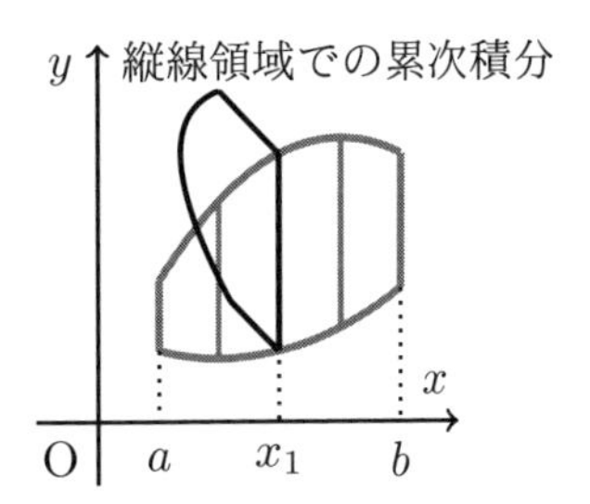

横線領域 $D=\{(x,y):\varphi_1(y)\leqq x\leqq\varphi_2(y),\ c\leqq y\leqq d\}$ 上での重積分も同様に

$$\iint_D f(x,y)\,dxdy=\int_c^d\left(\int_{\varphi_1(y)}^{\varphi_2(y)}f(x,y)\,dx\right)dy.$$

注 4.4.2. 数字から数字の範囲を動く変数の積分が外側 (2 回目) の積分になることに注意する.

例 4.4.1. 縦線領域 $D=\left\{(x,y):0\leqq x\leqq 1,\ \dfrac{x}{2}\leqq y\leqq x\right\}$ とするとき，重積分 $\displaystyle\iint_D 3xy^2\,dxdy$ の値を求めよ.

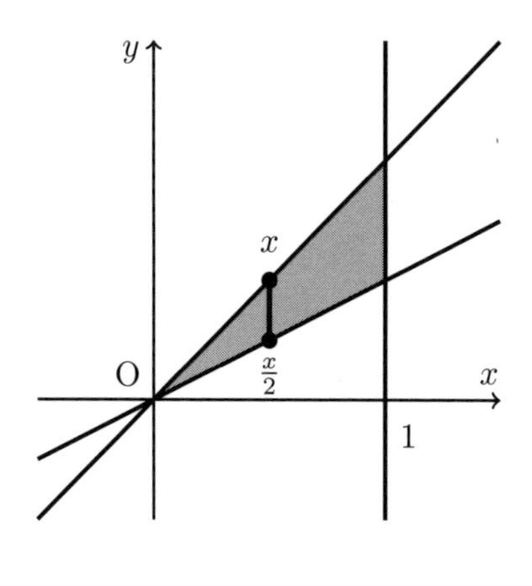

$$\begin{aligned}\iint_D 3xy^2\,dxdy&=\int_0^1\left(\int_{\frac{x}{2}}^{x}3xy^2\,dy\right)dx\\&=\int_0^1\left[xy^3\right]_{\frac{x}{2}}^{x}\,dx\\&=\int_0^1 x\left\{x^3-\left(\frac{x}{2}\right)^3\right\}dx\\&=\int_0^1\frac{7x^4}{8}\,dx\\&=\left[\frac{7x^5}{40}\right]_0^1=\frac{7}{40}.\end{aligned}$$

例 4.4.2. 横線領域 $D=\left\{(x,y):0\leqq x\leqq y^2,\ 0\leqq y\leqq 2\right\}$ とするとき，重積分 $\displaystyle\iint_D(2x+y)\,dxdy$ の値を求めよ.

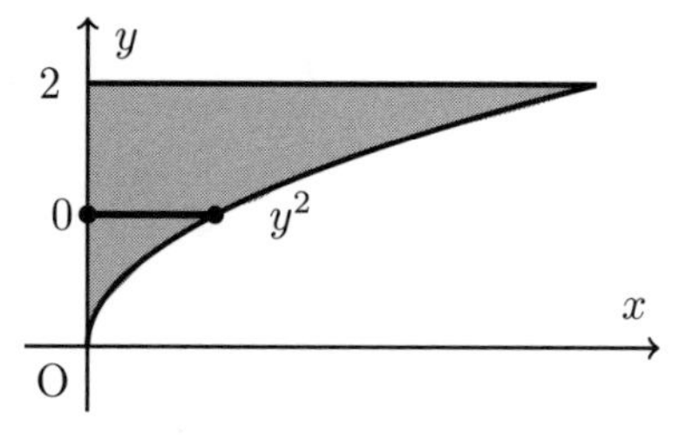

$$\begin{aligned}&\iint_D(2x+y)\,dxdy\\&=\int_0^2\left(\int_0^{y^2}(2x+y)\,dx\right)dy\\&=\int_0^2\left[x^2+yx\right]_0^{y^2}\,dy\\&=\int_0^2(y^4+y^3)\,dy\\&=\left[\frac{y^5}{5}+\frac{y^4}{4}\right]_0^2\\&=\frac{32}{5}+4=\frac{52}{5}.\end{aligned}$$

4.5 累次積分の積分の順序

平面の領域の中には縦線領域かつ横線領域でもある集合が存在する．その様な領域上の重積分は，縦線領域として y で先に積分してから x で積分しても，逆に横線領域として x で先に積分してから y で積分しても重積分の値が求まり，同じ値のはずである．したがって，x と y の積分の順序が交換できる．

例 4.5.1. 領域 $D = \{(x,y) : x \geqq 0,\ y \geqq 0,\ x+2y \leqq 2\}$ とするとき，重積分 $\iint_D (x+y)\,dxdy$ の値を求めよ．

不等式 $x \geqq 0,\ y \geqq 0$ は第 1 象限とその境界を表す．

次に，不等式 $x+2y \leqq 2$ の表す領域を考える．$x+2y=2$ は直線 $y = -\dfrac{1}{2}x+1$ を表す．直線の上側の代表として点 $(0,2)$ を，下側の代表として原点 $(0,0)$ をとってくれば，$0+2\cdot 2 \not\leqq 2,\ 0+2\cdot 0 \leqq 2$ なので境界も含め直線の下側が不等式の解である．

したがって，領域 D は下の図の様になる．

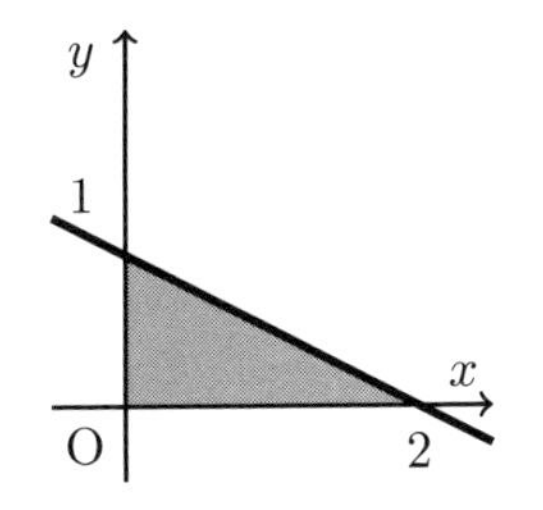

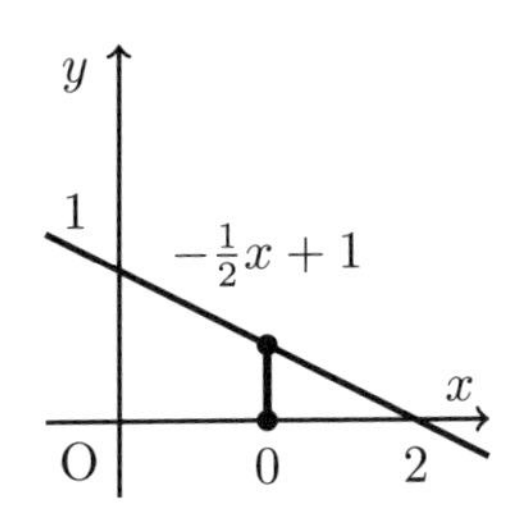

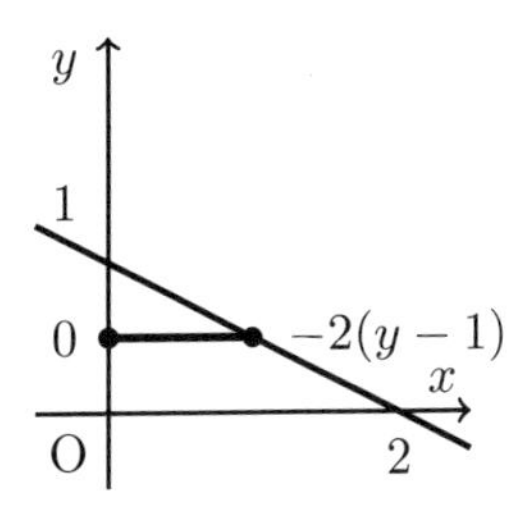

これを縦線領域だと考える．x の値を固定すると y は 0 から $-\dfrac{1}{2}x+1$ まで動き，そして，x は 0 から 2 まで動くので

$$
\begin{aligned}
\iint_D (x+y)\,dxdy &= \int_0^2 \left\{ \int_0^{-\frac{1}{2}x+1} (x+y)\,dy \right\} dx \\
&= \int_0^2 \left\{ \left[xy + \frac{y^2}{2} \right]_0^{-\frac{1}{2}x+1} \right\} dx \\
&= \int_0^2 \left(-\frac{1}{2}x+1 \right) \left(x - \frac{1}{4}x + \frac{1}{2} \right) dx \\
&= \int_0^2 \left(-\frac{3}{8}x^2 + \frac{1}{2}x + \frac{1}{2} \right) dx \\
&= \left[-\frac{1}{8}x^3 + \frac{1}{4}x^2 + \frac{1}{2}x \right]_0^2 = 1.
\end{aligned}
$$

今度は横線領域だと考える．y の値を固定すると x は 0 から $-2y+2=-2(y-1)$ まで動き，そして，y は 0 から 1 まで動くので

$$\begin{aligned}\iint_D (x+y)\,dxdy &= \int_0^1 \left\{ \int_0^{-2(y-1)} (x+y)\,dx \right\} dy \\ &= \int_0^1 \left\{ \left[\frac{x^2}{2} + yx \right]_0^{-2(y-1)} \right\} dy \\ &= \int_0^1 -2(y-1) \left\{ \frac{-2(y-1)}{2} + y \right\} dy \\ &= \int_0^1 (-2y+2)\,dy \\ &= \left[-y^2 + 2y \right]_0^1 = 1.\end{aligned}$$

例 **4.5.2.** 領域 $D=\left\{(x,y): x^2+y^2 \leqq 1,\ y \geqq 0\right\}$ とするとき，重積分 $\displaystyle\iint_D y\,dxdy$ の値を求めよ．

x 軸に関して対称な点での y の値は等しいので $E=\{(x,y): x^2+y^2 \leqq 1,\ x \geqq 0,\ y \geqq 0\}$ とすれば

$$\iint_D y\,dxdy = 2\iint_E y\,dxdy$$

となる．したがって，積分領域として E を考える．

不等式 $x \geqq 0,\ y \geqq 0$ は第 1 象限とその境界を表す．

次に，不等式 $x^2+y^2 \leqq 1$ の表す領域を考える．$x^2+y^2=1$ は原点中心の半径 1 の円である．円の外側の代表として点 $(0,2)$ を，内側の代表として原点 $(0,0)$ をとってくれば，$0^2+2^2 \nleqq 2,\ 0^2+0^2 \leqq 1$ なので境界線も含め円の内側が不等式の解である．

したがって，領域 E は下の図の様になる．

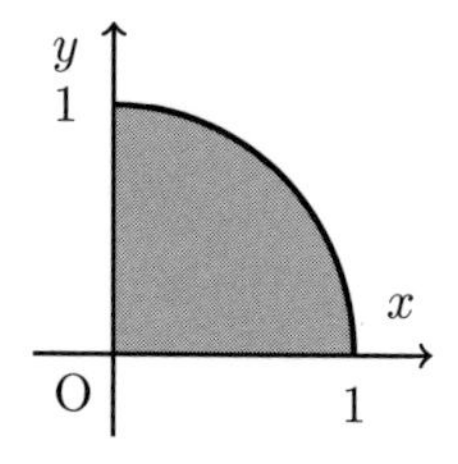

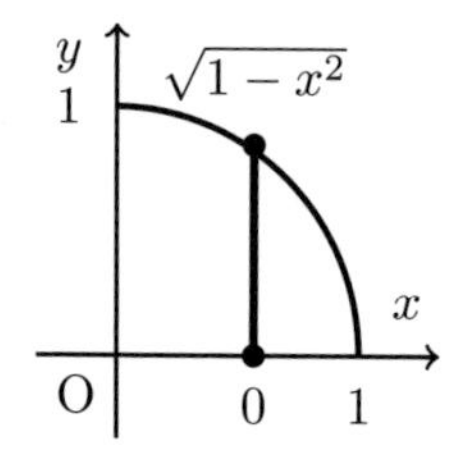

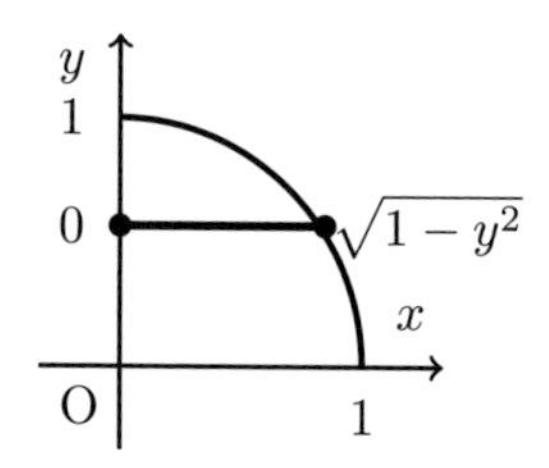

領域 E を縦線領域だと考える．x の値を固定すると y は 0 から $\sqrt{1-x^2}$ まで動き，そして，x は 0 から 1 まで動くので

$$
\begin{aligned}
\iint_D y\,dxdy &= 2\iint_E y\,dxdy \\
&= 2\int_0^1 \left\{ \int_0^{\sqrt{1-x^2}} y\,dy \right\} dx \\
&= 2\int_0^1 \left\{ \left[\frac{y^2}{2} \right]_0^{\sqrt{1-x^2}} \right\} dx \\
&= \int_0^1 \left(1-x^2\right) dx \\
&= \left[x - \frac{x^3}{3} \right]_0^1 = \frac{2}{3}.
\end{aligned}
$$

今度は横線領域だと考える．y の値を固定すると x は 0 から $\sqrt{1-y^2}$ まで動き，そして，y は 0 から 1 まで動くので

$$
\begin{aligned}
\iint_D y\,dxdy &= 2\int_0^1 \left\{ \int_0^{\sqrt{1-y^2}} y\,dx \right\} dy \\
&= 2\int_0^1 \left\{ [yx]_0^{\sqrt{1-y^2}} \right\} dy \\
&= 2\int_0^1 \left(y\sqrt{1-y^2} \right) dy = \frac{2}{3}.
\end{aligned}
$$

ここで，$t = 1 - y^2$ と置くと $dt = -2y\,dy$ より，$-\dfrac{dt}{2} = y\,dy$ を得るので

$$
\begin{aligned}
\int_0^1 \left(y\sqrt{1-y^2} \right) dy &= -\frac{1}{2}\int_1^0 \sqrt{t}\,dt \\
&= \frac{1}{2}\int_0^1 t^{\frac{1}{2}}\,dt \\
&= \frac{1}{2}\left[\frac{t^{\frac{3}{2}}}{\frac{3}{2}} \right]_0^1 = \frac{1}{3}
\end{aligned}
$$

と求めたことに注意する．

この問題では縦線領域として計算した方が計算が簡単である．

例 4.5.3. 放物線 $x = y^2$ と直線 $y = x$ で囲まれた領域を D とするとき，重積分 $\displaystyle\iint_D 2xy\,dxdy$ の値を求めよ．

D を縦線領域だと考える．x の値を固定すると y は x から $\sqrt{x}$ まで動き，そして，x は 0 から 1 まで動くので

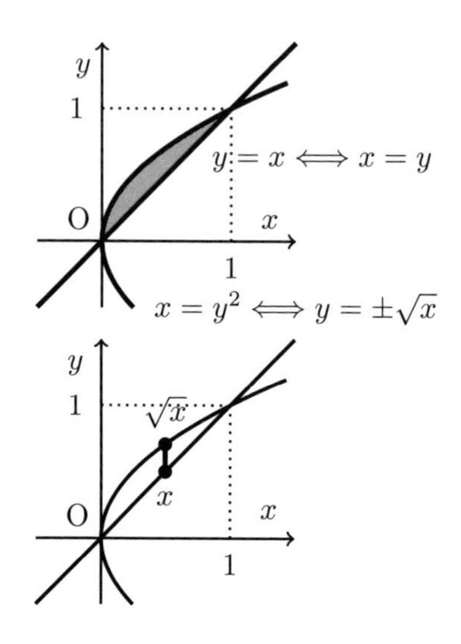

$$\begin{aligned}
\iint_D 2xy\,dxdy &= \int_0^1 \left(\int_x^{\sqrt{x}} 2xy\,dy \right) dx \\
&= \int_0^1 \left[xy^2 \right]_x^{\sqrt{x}} dx \\
&= \int_0^1 (x^2 - x^3)\,dx \\
&= \left[\frac{x^3}{3} - \frac{x^4}{4} \right]_0^1 \\
&= \frac{1}{3} - \frac{1}{4} = \frac{1}{12}.
\end{aligned}$$

今度は横線領域だと考える．y の値を固定すると x は y^2 から y まで動き，そして，y は 0 から 1 まで動くので

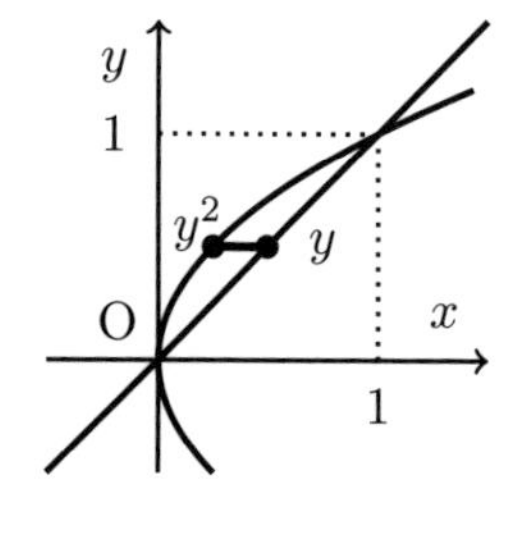

$$\begin{aligned}
\iint_D 2xy\,dxdy &= \int_0^1 \left(\int_{y^2}^{y} 2xy\,dx \right) dy \\
&= \int_0^1 \left[x^2 y \right]_{y^2}^{y} dy \\
&= \int_0^1 (y^3 - y^5)\,dy \\
&= \left[\frac{y^4}{4} - \frac{y^6}{6} \right]_0^1 \\
&= \frac{1}{4} - \frac{1}{6} = \frac{1}{12}.
\end{aligned}$$

4.6 積分の順序交換の計算例

先ずは積分の順序を交換する問題を見ていく．

例 4.6.1. 累次積分 $\displaystyle\int_1^e \left\{\int_0^{\log x} f(x,y)\,dy\right\} dx$ の積分順序を変更せよ．

先ず，内側の積分を見ると y は 0 から $\log x$ まで動くので，$y=0$ と $y=\log x$ の間の領域を考える．今度は外側の積分を見ると x は 1 から e まで動くので，積分領域は下の様になる．

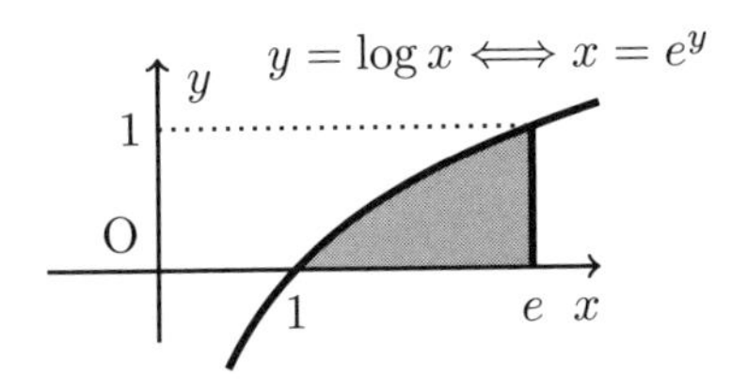

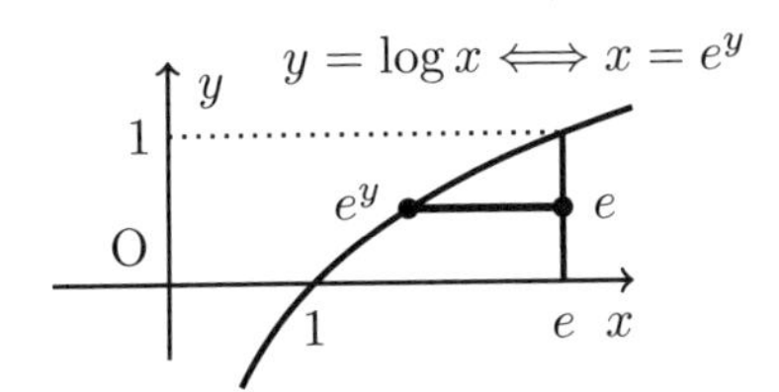

よって，積分の順序を変更すると

$$\int_1^e \left\{\int_0^{\log x} f(x,y)\,dy\right\} dx = \int_0^1 \left\{\int_{e^y}^{e} f(x,y)\,dx\right\} dy.$$

例 4.6.2. 累次積分 $\displaystyle\int_0^1 \left\{\int_0^{\sqrt{y}} f(x,y)\,dx\right\} dy$ の積分順序を変更せよ．

先ず，内側の積分を見ると x は 0 から $\sqrt{y}$ まで動くので，$x=0$ と $x=\sqrt{y}$ の間の領域を考える．今度は外側の積分を見ると y は 0 から 1 まで動くので，積分領域は下の様になる．

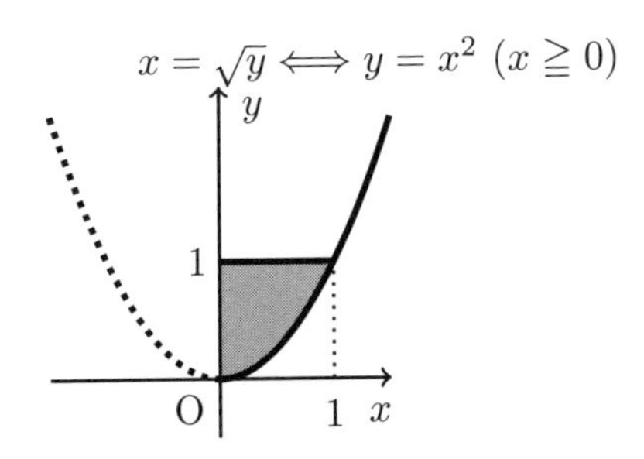

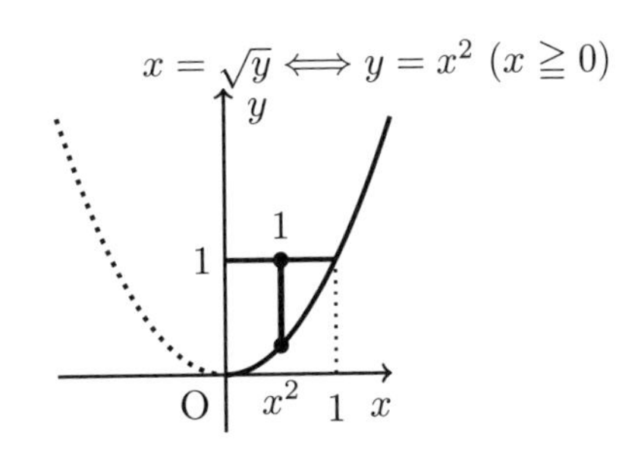

よって，積分の順序を変更すると

$$\int_0^1 \left\{\int_0^{\sqrt{y}} f(x,y)\,dx\right\} dy = \int_0^1 \left\{\int_{x^2}^{1} f(x,y)\,dy\right\} dx.$$

次に不定積分が既知の関数では書き表すことができないので，積分の順序交換をしないと重積分の値が求まらない例を見ていく．

例 4.6.3. 累次積分 $\displaystyle\int_0^1\left(\int_x^1 e^{y^2}\,dy\right)dx$ の値を求めよ．

y は x から 1 まで動くので，$y=x$ と $y=1$ の間の領域を考える．さらに，x は 0 から 1 まで動くので，積分領域は 3 直線 $y=x$, $y=1$, $x=0$ で囲まれた直角三角形である．

$\displaystyle\int e^{y^2}\,dy$ は既知の関数では書き表せないので積分の順序を変更して計算すると

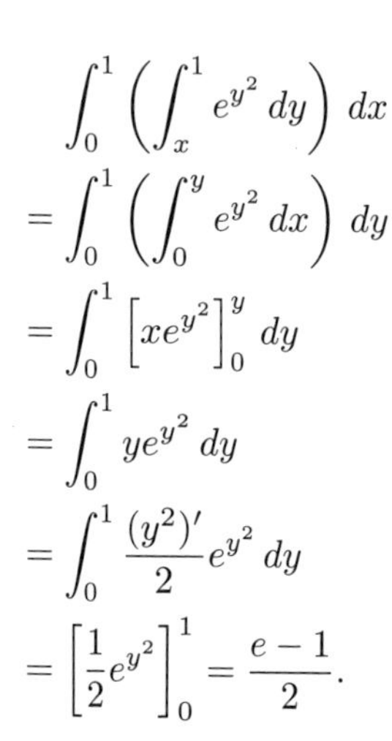

$$
\begin{aligned}
&\int_0^1\left(\int_x^1 e^{y^2}\,dy\right)dx\\
&=\int_0^1\left(\int_0^y e^{y^2}\,dx\right)dy\\
&=\int_0^1\left[xe^{y^2}\right]_0^y dy\\
&=\int_0^1 ye^{y^2}\,dy\\
&=\int_0^1 \frac{(y^2)'}{2}e^{y^2}\,dy\\
&=\left[\frac{1}{2}e^{y^2}\right]_0^1=\frac{e-1}{2}.
\end{aligned}
$$

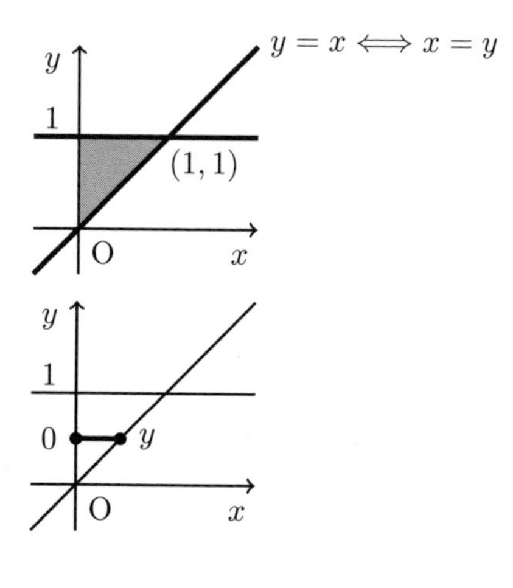

例 4.6.4. 累次積分 $\displaystyle\int_0^1\left(\int_y^1 \sin(x^2)\,dx\right)dy$ の値を求めよ．

x は y から 1 まで動くので，$y=x$ と $x=1$ の間の領域を考える．さらに，y は 0 から 1 まで動くので，積分領域は 3 直線 $y=x$, $x=1$, $y=0$ で囲まれた直角三角形である．

$\displaystyle\int \sin(x^2)\,dx$ は既知の関数では書き表せないので積分の順序を変更して計算すると

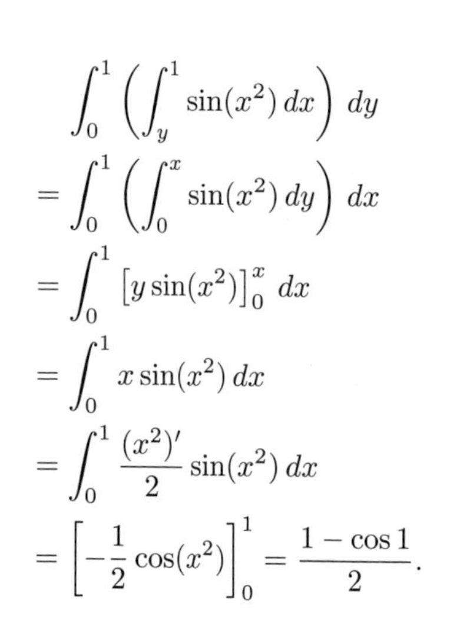

$$
\begin{aligned}
&\int_0^1\left(\int_y^1 \sin(x^2)\,dx\right)dy\\
&=\int_0^1\left(\int_0^x \sin(x^2)\,dy\right)dx\\
&=\int_0^1\left[y\sin(x^2)\right]_0^x dx\\
&=\int_0^1 x\sin(x^2)\,dx\\
&=\int_0^1 \frac{(x^2)'}{2}\sin(x^2)\,dx\\
&=\left[-\frac{1}{2}\cos(x^2)\right]_0^1=\frac{1-\cos 1}{2}.
\end{aligned}
$$

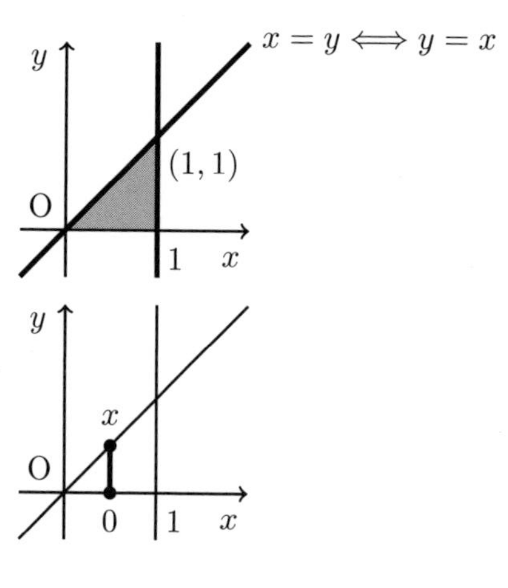

例 4.6.5. 累次積分 $\displaystyle\int_1^2 \left(\int_{\frac{1}{x}}^1 y e^{xy}\, dy \right) dx$ の値を求めよ．

y は $\dfrac{1}{x}$ から 1 まで動くので，$y = \dfrac{1}{x}$ と $y = 1$ の間の領域を考える．さらに，x は 1 から 2 まで動くので，積分領域は直角双曲線 $y = \dfrac{1}{x}$ と 3 直線 $y = 1,\ x = 1,\ x = 2$ で囲まれた領域である．

積分の順序を変更して計算すると

$$
\begin{aligned}
&\int_1^2 \left(\int_{\frac{1}{x}}^1 y e^{xy}\, dy \right) dx \\
&= \int_{\frac{1}{2}}^1 \left(\int_{\frac{1}{y}}^2 y e^{xy}\, dx \right) dy \\
&= \int_{\frac{1}{2}}^1 \left[e^{xy} \right]_{\frac{1}{y}}^2 dy \\
&= \int_{\frac{1}{2}}^1 (e^{2y} - e)\, dy \\
&= \left[\frac{1}{2} e^{2y} - ey \right]_{\frac{1}{2}}^1 \\
&= \frac{1}{2} e^2 - e
\end{aligned}
$$

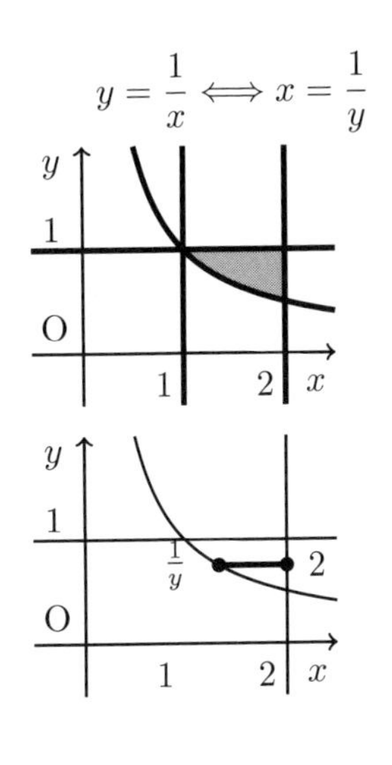

注 4.6.1. 定積分 $\displaystyle\int_{\frac{1}{x}}^1 y e^{xy}\, dy$ に出てくる $\dfrac{e^x}{x}$ の x についての不定積分は既知の関数では書き表せないが，上の様に積分の順序交換をすると定積分の値が求まる．

最後に，横線領域であるが領域を分割すれば 2 つの縦線領域になる問題を見ていく．

例 4.6.6. 放物線 $x = y^2$ と直線 $x - y = 2$ で囲まれた領域を D とするとき，重積分 $\displaystyle\iint_D (1 + 2x)\, dxdy$ の値を求めよ．

交点の座標を求めるために放物線の方程式 $x = y^2$ を直線の方程式に代入すると

$$
\begin{aligned}
y^2 - y &= 2 \\
y^2 - y - 2 &= 0 \\
(y - 2)(y + 1) &= 0 \\
y &= 2, -1.
\end{aligned}
$$

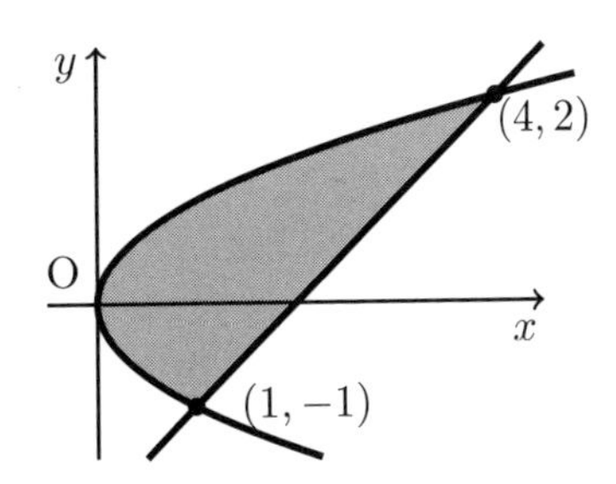

よって，交点は $(1, -1)$ と $(4, 2)$ である．

$x = 1$ のところで領域の下側の関数が変わっているので D を $x = 1$ の左側と右側で別々に考えて，D を 2 つの縦線領域の和集合だと考える．

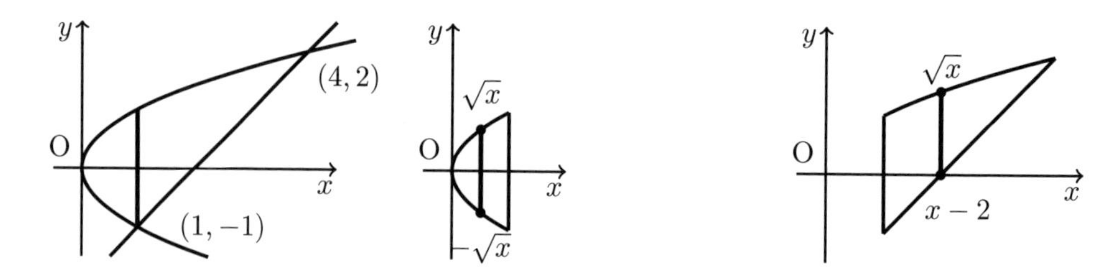

$x \leqq 1$ のときには x の値を固定すると y は $-\sqrt{x}$ から $\sqrt{x}$ まで動き，そして x は 0 から 1 まで動く．$x \geqq 1$ のときには x の値を固定すると y は $x-2$ から $\sqrt{x}$ まで動き，そして x は 1 から 4 まで動くので

$$
\begin{aligned}
&\iint_D (1+2x)\,dxdy \\
&= \int_0^1 \left(\int_{-\sqrt{x}}^{\sqrt{x}} (1+2x)\,dy \right) dx + \int_1^4 \left(\int_{x-2}^{\sqrt{x}} (1+2x)\,dy \right) dx \\
&= \int_0^1 [(1+2x)y]_{-\sqrt{x}}^{\sqrt{x}}\,dx + \int_1^4 [(1+2x)y]_{x-2}^{\sqrt{x}}\,dx \\
&= \int_0^1 2(1+2x)\sqrt{x}\,dx + \int_1^4 (1+2x)(-x+\sqrt{x}+2)\,dx \\
&= 2\int_0^1 (x^{\frac{1}{2}} + 2x^{\frac{3}{2}})\,dx + \int_1^4 (-2x^2 + 2x^{\frac{3}{2}} + 3x + x^{\frac{1}{2}} + 2)\,dx \\
&= 2\left[\frac{x^{\frac{3}{2}}}{\frac{3}{2}} + 2\frac{x^{\frac{5}{2}}}{\frac{5}{2}} \right]_0^1 + \left[-2\frac{x^3}{3} + 2\frac{x^{\frac{5}{2}}}{\frac{5}{2}} + 3\frac{x^2}{2} + \frac{x^{\frac{3}{2}}}{\frac{3}{2}} + 2x \right]_1^4 \\
&= 2\left(\frac{2}{3} + \frac{4}{5}\right) + \left\{ \left(-\frac{128}{3} + \frac{128}{5} + 24 + \frac{16}{3} + 8 \right) - \left(-\frac{2}{3} + \frac{4}{5} + \frac{3}{2} + \frac{2}{3} + 2 \right) \right\} \\
&= \frac{189}{10}.
\end{aligned}
$$

今度は横線領域だと考える．y の値を固定すると x は y^2 から $y+2$ まで動き，そして y は -1 から 2 まで動くので

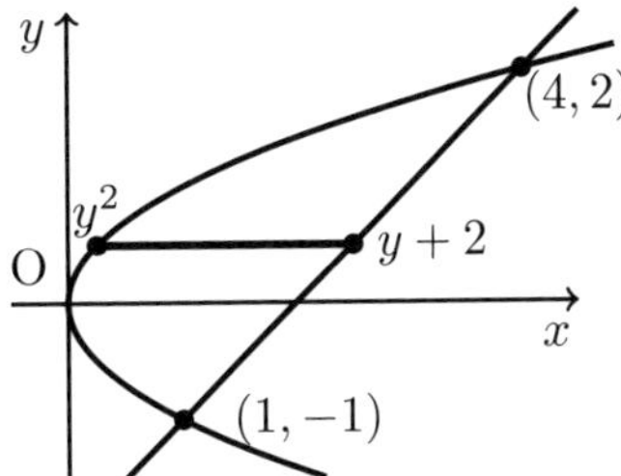

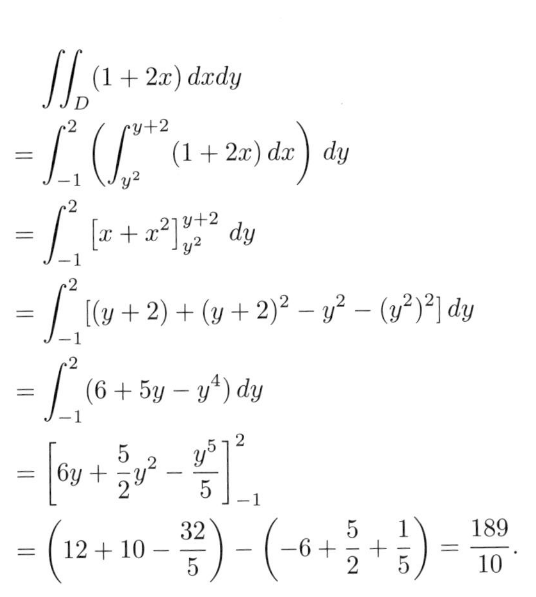

$$
\begin{aligned}
&\iint_D (1+2x)\,dxdy \\
&= \int_{-1}^{2} \left(\int_{y^2}^{y+2} (1+2x)\,dx \right) dy \\
&= \int_{-1}^{2} \left[x + x^2 \right]_{y^2}^{y+2} dy \\
&= \int_{-1}^{2} [(y+2) + (y+2)^2 - y^2 - (y^2)^2]\,dy \\
&= \int_{-1}^{2} (6 + 5y - y^4)\,dy \\
&= \left[6y + \frac{5}{2}y^2 - \frac{y^5}{5} \right]_{-1}^{2} \\
&= \left(12 + 10 - \frac{32}{5} \right) - \left(-6 + \frac{5}{2} + \frac{1}{5} \right) = \frac{189}{10}.
\end{aligned}
$$

4.7　極座標による変数変換

この節では x-y 平面内の領域 D 上で定義された関数 $f(x,y)$ の重積分 $\displaystyle\iint_D f(x,y)\,dxdy$ を極座標に書き換えた (変数変換した) とき重積分がどうなるのかについて説明する．

極座標とは原点からの距離 r と x 軸からの角 θ という 2 つの変数を使って平面上の位置を表すものであった．中学から慣れ親しんでいる直交座標との関係は

$$x = r\cos\theta,\ y = r\sin\theta$$

となっていた．この書き換えを極座標変換という．

r-θ 平面の区画 $E = \{(r,\theta) : r_1 \leqq r \leqq r_1 + \Delta r_1,\ \theta_1 \leqq \theta \leqq \theta_1 + \Delta\theta_1\}$ に対応する x-y 平面内の領域 D の面積を考える．

$$\begin{aligned}
&\mathrm{Area}(D)\\
&= \frac{1}{2}(r_1 + \Delta r_1)^2\Delta\theta_1 - \frac{1}{2}r_1^2\Delta\theta_1\\
&= \frac{1}{2}\left\{(r_1 + \Delta r_1)^2 - r_1^2\right\}\Delta\theta_1\\
&= \frac{1}{2}(r_1 + \Delta r_1 + r_1)(r_1 + \Delta r_1 - r_1)\Delta\theta_1\\
&= \left(r_1 + \frac{1}{2}\Delta r_1\right)\Delta r_1\Delta\theta_1
\end{aligned}$$

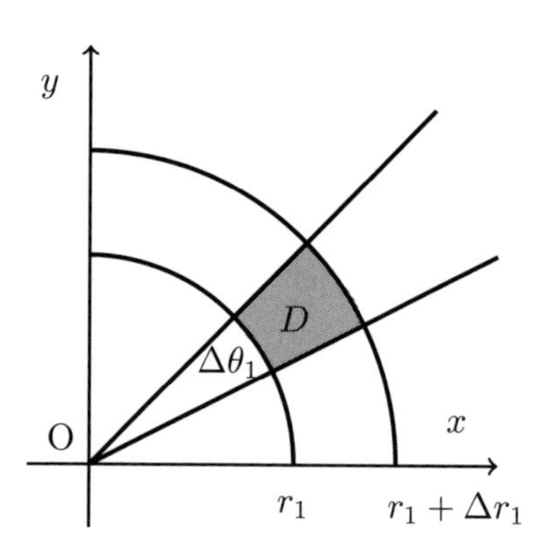

となるが，Δr_1 が r_1 に比べ十分小さければ無視できるので，$r_1 + \dfrac{1}{2}\Delta r_1 \approx r_1$ として良い．よって，D の面積は

$$\left(r_1 + \frac{1}{2}\Delta r_1\right)\Delta r_1\Delta\theta_1 \approx r_1\Delta r_1\Delta\theta_1$$

と近似できる．

つまり，r-θ 平面から x-y 平面に写ると面積が r 倍されるということである．

したがって，$dxdy = r\,drd\theta$ となるので

$$\iint_D f(x,y)\,dxdy = \iint_E f(r\cos\theta, r\sin\theta)r\,drd\theta.$$

例 4.7.1. $D = \{(x, y) : x^2 + y^2 \leqq a^2\}$ とするとき，重積分 $\displaystyle\iint_D \sqrt{a^2 - x^2 - y^2}\,dxdy$ の値を求めよ．ただし，a は正の定数とする．

領域 D に対応する極座標内の領域は $E = \{(r, \theta) : 0 \leqq r \leqq a,\ 0 \leqq \theta \leqq 2\pi\}$ と表されるので

$$
\begin{aligned}
&\iint_D \sqrt{a^2 - x^2 - y^2}\,dxdy \\
&= \iint_E \sqrt{a^2 - r^2} \cdot r\,drd\theta \\
&= \left(\int_0^a -\frac{1}{2}(a^2 - r^2)'(a^2 - r^2)^{\frac{1}{2}}\,dr\right) \cdot \left(\int_0^{2\pi} d\theta\right) \\
&= \left(-\frac{1}{2}\right)\left[\frac{\left(a^2 - r^2\right)^{\frac{3}{2}}}{\frac{3}{2}}\right]_0^a \cdot 2\pi \\
&= 2\pi\left[-\frac{1}{3}(a^2 - r^2)^{\frac{3}{2}}\right]_0^a = \frac{2}{3}\pi a^3.
\end{aligned}
$$

求めた重積分は半径 a の半球の体積を表すので，2 倍すれば球の体積の公式を得る．

例 4.7.2. $D = \{(x, y) : x \geqq 0,\ y \geqq 0,\ x^2 + y^2 \leqq 4\}$ とするとき，重積分 $\displaystyle\iint_D x\,dxdy$ の値を求めよ．

領域 D に対応する極座標内の領域は $E = \left\{(r, \theta) : 0 \leqq r \leqq 2,\ 0 \leqq \theta \leqq \dfrac{\pi}{2}\right\}$ と表されるので

$$
\begin{aligned}
\iint_D x\,dxdy &= \iint_E r\cos\theta \cdot r\,drd\theta \\
&= \left(\int_0^2 r^2\,dr\right) \cdot \left(\int_0^{\frac{\pi}{2}} \cos\theta\,d\theta\right) \\
&= \left[\frac{1}{3}r^3\right]_0^2 \cdot [\sin\theta]_0^{\frac{\pi}{2}} \\
&= \frac{8}{3} \cdot 1 = \frac{8}{3}.
\end{aligned}
$$

例 4.7.3. $D = \{(x,y) : 1 \leqq x^2 + y^2 \leqq 4\}$ とするとき，重積分 $\displaystyle\iint_D \sqrt{x^2+y^2}\,dxdy$ の値を求めよ．

領域 D に対応する極座標内の領域は $E = \{(r,\theta) : 1 \leqq r \leqq 2,\ 0 \leqq \theta \leqq 2\pi\}$ と表されるので

$$
\begin{aligned}
&\iint_D \sqrt{x^2+y^2}\,dxdy \\
&= \iint_E r \cdot r\,drd\theta \\
&= \left(\int_1^2 r^2\,dr\right)\cdot\left(\int_0^{2\pi} d\theta\right) \\
&= \left[\frac{1}{3}r^3\right]_1^2 \cdot 2\pi \\
&= \frac{2\pi}{3}(8-1) = \frac{14\pi}{3}.
\end{aligned}
$$

例 4.7.4. $D = \{(x,y) : 1 \leqq x^2 + y^2 \leqq 4\}$ とするとき，重積分 $\displaystyle\iint_D \frac{dxdy}{x^2+y^2}$ の値を求めよ．

上と同様に変数変換すると

$$
\begin{aligned}
\iint_D \frac{dxdy}{x^2+y^2} &= \iint_E \frac{1}{r^2}\cdot r\,drd\theta \\
&= \left(\int_1^2 \frac{dr}{r}\right)\cdot\left(\int_0^{2\pi} d\theta\right) \\
&= [\log r]_1^2 \cdot 2\pi = 2\pi\log 2.
\end{aligned}
$$

例 4.7.5. $D = \{(x,y) : 1 \leqq x^2 + y^2 \leqq 4\}$ とするとき，重積分 $\displaystyle\iint_D \frac{dxdy}{(1+x^2+y^2)^2}$ の値を求めよ．

上と同様に変数変換すると

$$
\begin{aligned}
\iint_D \frac{dxdy}{(1+x^2+y^2)^2} &= \iint_E \frac{1}{(1+r^2)^2}\cdot r\,drd\theta \\
&= \frac{1}{2}\left(\int_1^2 \frac{(1+r^2)'}{(1+r^2)^2}\,dr\right)\cdot\left(\int_0^{2\pi} d\theta\right) \\
&= \frac{1}{2}\left[-(1+r^2)^{-1}\right]_1^2 \cdot 2\pi \\
&= \left(\frac{1}{2}-\frac{1}{5}\right)\pi = \frac{3\pi}{10}.
\end{aligned}
$$

4.8 重積分の変数変換

1 変数のときと同様に，置換積分をすると 2 変数の場合でも積分の計算が簡単になる場合がある．例えば，既に極座標変換の例を見たが，縦線でも横線領域でもない積分領域が変数変換によって区画に書き換えられた．

4.8.1 1 変数の置換積分

不定積分 $\displaystyle\int f(x)\,dx$ があったとき $x = g(t)$ と置換 (変数変換) すれば $dx = g'(t)\,dt$ となるので

$$\int f(x)\,dx = \int f(g(t)) \cdot g'(t)\,dt.$$

例 4.8.1. $x = 3t + 1$ のとき，不定積分 $\displaystyle\int f(x)\,dx$ は $dx = 3\,dt$ より，

$$\int f(x)\,dx = \int f(3t+1) \cdot 3\,dt.$$

注 4.8.1. t が 1 動けば，x が 3 動く．つまり，$\Delta x = 3 \cdot \Delta t$ となるので dx を $3\,dt$ で置き換えている．この変数変換で底辺の長さが 3 倍されていることを意味する．

4.8.2 変数変換

区分的に滑らかな境界を持つ閉領域 (滑らかな曲線を有限個つなぎ合わせた様な曲線で囲まれた閉領域) D に対して、次の 3 つの条件を満たす変数変換を考える．

$$\Phi : \begin{pmatrix} u \\ v \end{pmatrix} \to \begin{pmatrix} x \\ y \end{pmatrix} = \begin{pmatrix} x(u,v) \\ y(u,v) \end{pmatrix}$$

- 変数変換 $(x, y) = \Phi(u, v)$ は u-v 平面内の集合 E の点を積分領域 D の点に写し，境界以外では 1 対 1 の写像とする．
- $x = x(u, v)$, $y = y(u, v)$ はともに C^1 級，つまり，偏微分可能で全ての偏導関数が連続とする．
- Φ の Jacobi 行列 $D\Phi = \begin{pmatrix} x_u & x_v \\ y_u & y_v \end{pmatrix}$ の行列式 $\det(D\Phi) = x_u y_v - x_v y_u$ は E の境界以外で 0 にならない．

この様な変数変換に対して，次の積分の公式が成り立つ．

$z=f(x,y)$ が領域 D 上で積分可能ならば，上の変数変換に対して

$$\iint_D f(x,y)\,dxdy = \iint_E f(x(u,v),y(u,v))|\det(D\Phi)|\,dudv$$

が成り立つ．ただし，$|a|$ は実数 a の絶対値を表す．

注 4.8.2. 変数を明示するのに Jacobi 行列 $D\Phi$ の行列式 $\det(D\Phi)$ を $\dfrac{\partial(x,y)}{\partial(u,v)}$ という記号で書くときがある．また，Jacobi 行列の行列式を Jacobi 行列式または Jacobian という．

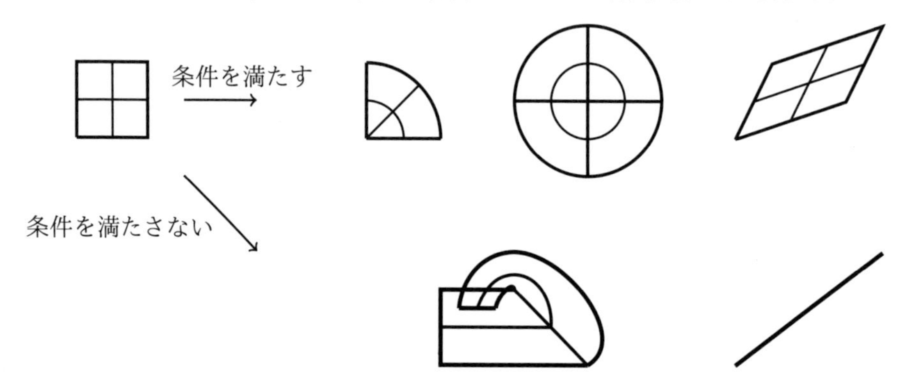

4.8.3 証明の概略

E が区画でない場合は E を区画の和集合で近似し，それぞれの区画に対して上の変数変換の公式を証明すれば良いので E は区画であると仮定する．

平行移動の部分を除けば，変数変換 Φ は Jacobi 行列 $D\Phi$ が表す線形変換で近似できた．ここで，一般に線形変換 $\begin{pmatrix} u \\ v \end{pmatrix} \to \begin{pmatrix} x \\ y \end{pmatrix}\begin{pmatrix} a & b \\ c & d \end{pmatrix}\begin{pmatrix} u \\ v \end{pmatrix}$ は u-v 平面上の図形の面積を $|ad-bc|$ 倍することを思い出そう．

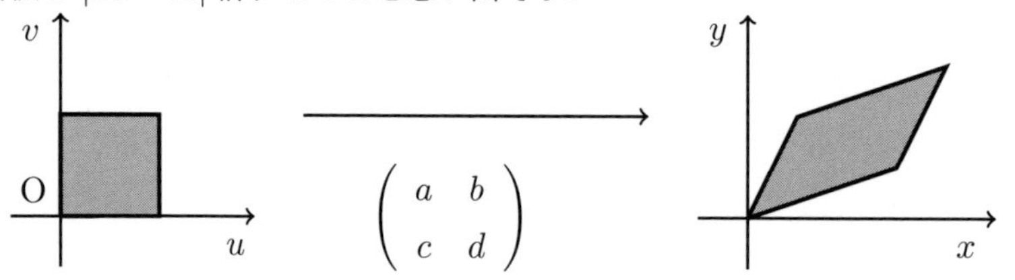

区画 E を十分に細かい区画 E_{ij} に分割し，それぞれの区画 E_{ij} から代表点 (u_{ij},v_{ij}) を選び，$J_{ij}=D\Phi(u_{ij},v_{ij})$ と置く．このとき E_{ij} の像を D_{ij} とすれば

$$\mathrm{Area}(D_{ij}) \approx |\det(J_{ij})|\mathrm{Area}(E_{ij})$$

と近似できる．

ここで $(x_{ij}, y_{ij}) = (x(u_{ij}, v_{ij}), y(u_{ij}, v_{ij}))$ と置くと，D_{ij} は積分領域 D の細分の近似になるので

$$\begin{aligned}\iint_D f(x,y)\,dxdy &\approx \sum_{i,j} f(x_{ij}, y_{ij}) \cdot \mathrm{Area}(D_{ij}) \\ &\approx \sum_{i,j} f(x(u_{ij}, v_{ij}), y(u_{ij}, v_{ij})) \cdot |\det(J_{ij})| \mathrm{Area}(E_{ij}) \\ &\approx \iint_E f(x(u,v), y(u,v)) |\det(D\Phi)|\,dudv\end{aligned}$$

注 4.8.3. u-v 平面の面積 $\Delta u \Delta v$ の長方形は Φ により x-y 平面の面積が $|\det(D\phi)|$ 倍の平行四辺形に写されると思ってよい．したがって，底面の面積が $|\det(D\Phi)|$ 倍されるので $dxdy = |\det(D\Phi)|\,dudv$ となる．

例 4.8.2. $D = \{(x,y) : -1 \leqq x + 2y \leqq 1,\ 0 \leqq x - y \leqq 2\}$ とするとき，重積分 $\displaystyle\iint_D (x+y)\,dxdy$ の値を求めよ．

$u = x + 2y$, $v = x - y$ と置き，これを x, y について解くと

$$x = \frac{1}{3}u + \frac{2}{3}v,\ y = \frac{1}{3}u - \frac{1}{3}v$$

となる．したがって，

$$\frac{\partial(x,y)}{\partial(u,v)} = \begin{vmatrix} \frac{\partial x}{\partial u} & \frac{\partial x}{\partial v} \\ \frac{\partial y}{\partial u} & \frac{\partial y}{\partial v} \end{vmatrix} = \begin{vmatrix} \frac{1}{3} & \frac{2}{3} \\ \frac{1}{3} & -\frac{1}{3} \end{vmatrix} = -\frac{1}{9} - \frac{2}{9} = -\frac{1}{3}.$$

よって，$dxdy = \dfrac{1}{3}dudv$ となる．

また，D に対応する u-v 平面の領域は $E = \{(u,v) : -1 \leqq u \leqq 1,\ 0 \leqq v \leqq 2\}$ である．

$x + y = \dfrac{2}{3}u + \dfrac{1}{3}v = \dfrac{2u+v}{3}$ となるので

$$\begin{aligned}&\iint_D (x+y)\,dxdy \\ &= \iint_E \left(\frac{2u+v}{3}\right) \cdot \frac{1}{3}\,dudv \\ &= \frac{1}{9}\int_0^2 \left(\int_{-1}^1 (2u+v)\,du\right) dv \\ &= \frac{1}{9}\int_0^2 \left[u^2 + vu\right]_{-1}^1 dv \\ &= \frac{1}{9}\int_0^2 2v\,dv \\ &= \frac{1}{9}\left[v^2\right]_0^2 = \frac{4}{9}.\end{aligned}$$

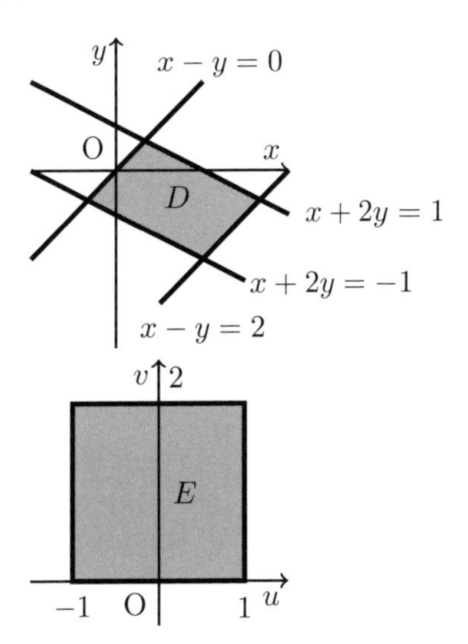

4.9 重積分の変数変換の計算例

4.9.1 計算例

例 4.9.1. $D=\{(x,y):|x+2y|\leqq 1,\ |x-y|\leqq 1\}$ とするとき，重積分 $\displaystyle\iint_D (x-y)^2\,dxdy$ の値を求めよ．

$u=x+2y,\ v=x-y$ と変数変換する．このとき，この変換による D の像 E は $|u|\leqq 1,\ |v|\leqq 1$ で定義される正方形である．

2 つの行列 $\begin{pmatrix} \frac{\partial x}{\partial u} & \frac{\partial x}{\partial v} \\ \frac{\partial y}{\partial u} & \frac{\partial y}{\partial v} \end{pmatrix}$, $\begin{pmatrix} \frac{\partial u}{\partial x} & \frac{\partial u}{\partial y} \\ \frac{\partial v}{\partial x} & \frac{\partial v}{\partial y} \end{pmatrix}$ は逆行列の関係にあるので，行列式 $\dfrac{\partial(x,y)}{\partial(u,v)}$ は $\dfrac{\partial(u,v)}{\partial(x,y)}$ の逆数になる．したがって，x,y について解く必要はない．

$\dfrac{\partial(u,v)}{\partial(x,y)}=\begin{vmatrix} 1 & 2 \\ 1 & -1 \end{vmatrix}=-3$ なので，逆数をとれば $\dfrac{\partial(x,y)}{\partial(u,v)}=-\dfrac{1}{3}$ となる．したがって，

$$
\begin{aligned}
\iint_D (x-y)^2\,dxdy &= \iint_E v^2\cdot\left|-\frac{1}{3}\right| dudv \\
&= \frac{1}{3}\left(\int_{-1}^{1} du\right)\cdot\left(\int_{-1}^{1} v^2\,dv\right) \\
&= \frac{1}{3}\cdot 2\cdot 2\left[\frac{v^3}{3}\right]_0^1 = \frac{4}{9}.
\end{aligned}
$$

例 4.9.2. $D=\{(x,y):0\leqq x+y\leqq 2,\ 0\leqq x-y\leqq 2\}$ とするとき，重積分 $\displaystyle\iint_D (x-y)e^{x+y}\,dxdy$ の値を求めよ．

$u=x+y,\ v=x-y$ と変数変換する．このとき，この変換による D の像 E は $0\leqq u\leqq 2,\ 0\leqq v\leqq 2$ で定義される正方形であり，$\dfrac{\partial(u,v)}{\partial(x,y)}=\begin{vmatrix} 1 & 1 \\ 1 & -1 \end{vmatrix}=-2$ なので，逆数をとれば $\dfrac{\partial(x,y)}{\partial(u,v)}=-\dfrac{1}{2}$ となる．したがって，

$$
\begin{aligned}
\iint_D (x-y)e^{x+y}\,dxdy &= \iint_E ve^u\cdot\left|-\frac{1}{2}\right| dudv \\
&= \frac{1}{2}\left(\int_0^2 e^u\,du\right)\cdot\left(\int_0^2 v\,dv\right) \\
&= \frac{1}{2}\cdot[e^u]_0^2\cdot\left[\frac{v^2}{2}\right]_0^2 = e^2-1.
\end{aligned}
$$

例 **4.9.3.** $D = \{(x,y) : 0 \leqq x+y \leqq 1, 0 \leqq x-y \leqq 1\}$ とするとき，重積分 $\displaystyle\iint_D \frac{x-y}{1+x+y}\,dxdy$ の値を求めよ．

$u = x+y,\ v = x-y$ と変数変換する．このとき，この変換による D の像 E は $0 \leqq u \leqq 1,\ 0 \leqq v \leqq 1$ で定義される正方形であり，$\dfrac{\partial(u,v)}{\partial(x,y)} = \begin{vmatrix} 1 & 1 \\ 1 & -1 \end{vmatrix} = -2$ なので，逆数をとれば $\dfrac{\partial(x,y)}{\partial(u,v)} = -\dfrac{1}{2}$ となる．したがって，

$$\begin{aligned}\iint_D \frac{x-y}{1+x+y}\,dxdy &= \iint_E \frac{v}{1+u}\cdot\left|-\frac{1}{2}\right| dudv \\ &= \frac{1}{2}\left(\int_0^1 \frac{1}{1+u}\,du\right)\cdot\left(\int_0^1 v\,dv\right) \\ &= \frac{1}{2}\cdot[\log(1+u)]_0^1\cdot\left[\frac{v^2}{2}\right]_0^1 = \frac{1}{4}\log 2.\end{aligned}$$

例 **4.9.4.** $D = \{(x,y) : 1 \leqq x+y \leqq 2, 0 \leqq x, 0 \leqq y\}$ とするとき，重積分 $\displaystyle\iint_D \frac{x^2+y^2}{(x+y)^3}\,dxdy$ の値を求めよ．

$u = x+y,\ y = uv$ と変数変換する．つまり，$x = u - uv = u(1-v),\ y = uv$ と変数変換する．このとき，

$$\begin{aligned}&1 \leqq x+y \leqq 2,\ 0 \leqq x,\ 0 \leqq y \\ &\quad 1 \leqq u \leqq 2,\ 0 \leqq u(1-v),\ 0 \leqq uv \\ &\quad 1 \leqq u \leqq 2,\ 0 \leqq 1-v,\ 0 \leqq v\end{aligned}$$

と変形できるので，この変換による D の像 E は $1 \leqq u \leqq 2,\ 0 \leqq v \leqq 1$ で定義される正方形であり，$\dfrac{\partial(x,y)}{\partial(u,v)} = \begin{vmatrix} 1-v & -u \\ v & u \end{vmatrix} = u$ となる．したがって，

$$\begin{aligned}&\iint_D \frac{x^2+y^2}{(x+y)^3}\,dxdy \\ &= \iint_E \frac{u^2(1-v)^2+u^2v^2}{u^3}\,|u|\,dudv \\ &= \iint_E \{(1-v)^2+v^2\}\,dudv \\ &= \iint_E (2v^2-2v+1)\,dudv \\ &= \left(\int_1^2 du\right)\cdot\left(\int_0^1 (2v^2-2v+1)\,dv\right) \\ &= 1\cdot\left[\frac{2}{3}v^3 - v^2 + v\right]_0^1 = \frac{2}{3}.\end{aligned}$$

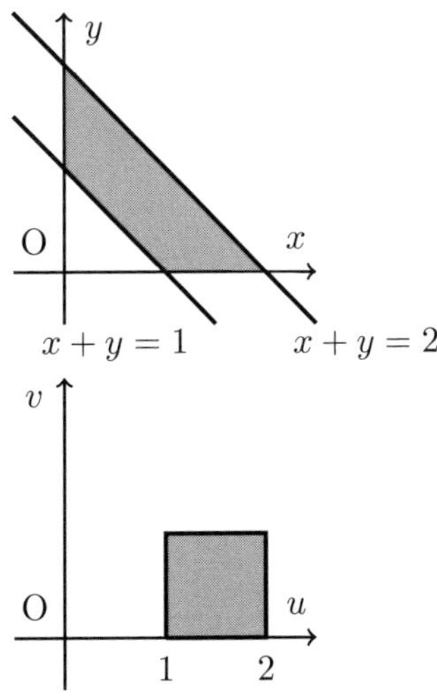

注 4.9.1. 1 変数の置換積分のときと同じ様に，$\dfrac{\partial(u,v)}{\partial(x,y)}=a$ の左辺を分数だと思って，$\partial(x,y)=\dfrac{1}{a}\partial(u,v)$ と変形する．そして，両辺の絶対値をとって，$|\partial(x,y)|=dxdy$ だと思えば $dxdy=\dfrac{1}{a}dudv$ となるので，これを代入したと思ってもよい．ただし，a は定数とは限らない u, v の関数である．

例 4.9.5. 中心が $(0,3)$ で半径 3 の円と 2 直線 $y=\dfrac{1}{\sqrt{3}}x$, $y=-\sqrt{3}x$ で囲まれた領域の面積を求めよ．

$a>0$ として，中心が x-y 座標で $A(0,a)$，半径 a の円の極方程式は

$$
\begin{aligned}
\cos\left(\theta-\frac{\pi}{2}\right)&=\frac{r}{2a}\\
2a\cos\left(\theta-\frac{\pi}{2}\right)&=r\\
2a\left(\cos\theta\ \cos\frac{\pi}{2}+\sin\theta\ \sin\frac{\pi}{2}\right)&=r\\
2a\sin\theta&=r.
\end{aligned}
$$

注 4.9.2. 上の図では点を極座標で表していることに注意する．

2 直線の極方程式は $\theta=\dfrac{\pi}{6}$, $\theta=\dfrac{2\pi}{3}$ と表されるので，面積を求める領域 D は，極座標では $\left\{(r,\theta):0\leqq r\leqq 6\sin\theta,\ \dfrac{\pi}{6}\leqq\theta\leqq\dfrac{2\pi}{3}\right\}$ となるので，求める面積は

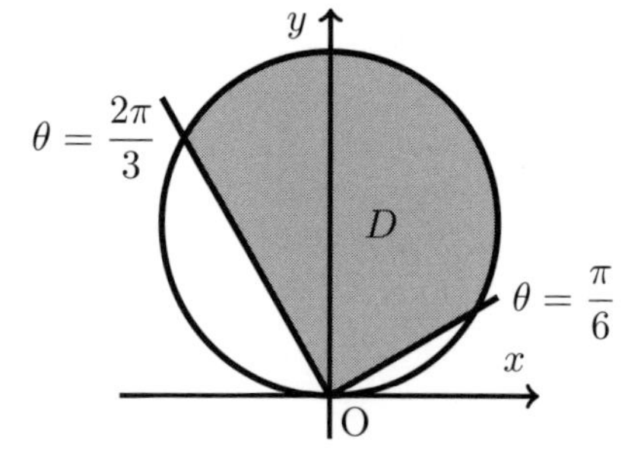

$$
\begin{aligned}
\iint_D dxdy&=\int_{\frac{\pi}{6}}^{\frac{2\pi}{3}}\left(\int_0^{6\sin\theta}r\,dr\right)d\theta\\
&=\int_{\frac{\pi}{6}}^{\frac{2\pi}{3}}\left[\frac{r^2}{2}\right]_0^{6\sin\theta}d\theta\\
&=\frac{1}{2}\int_{\frac{\pi}{6}}^{\frac{2\pi}{3}}(6\sin\theta)^2\,d\theta\\
&=18\int_{\frac{\pi}{6}}^{\frac{2\pi}{3}}\sin^2\theta\,d\theta\\
&=18\int_{\frac{\pi}{6}}^{\frac{2\pi}{3}}\frac{1-\cos 2\theta}{2}\,d\theta\\
&=9\int_{\frac{\pi}{6}}^{\frac{2\pi}{3}}(1-\cos 2\theta)\,d\theta\\
&=9\left[\theta-\frac{\sin 2\theta}{2}\right]_{\frac{\pi}{6}}^{\frac{2\pi}{3}}=\frac{9(\pi+\sqrt{3})}{2}.
\end{aligned}
$$

4.10 広義積分 I

1 変数のときと同様に領域 D が有界でない場合や，領域 D 内に関数 $z = f(x, y)$ の値が定義されていない点が含まれる場合にも重積分を考えたい．この様な積分を広義積分という．

ただし，1 変数のときには近似のために使う有界閉集合として閉区間 $[s, t]$ が自然なものとして存在したが，2 変数の場合には，平面内の一般の領域を近似する有界閉集合 $\{D_n\}$ の取り方の自由度が大きい．そして，そのとり方によって極限 $\lim_{n\to\infty} \int_{D_n} f(x, y)\, dxdy$ の値が異なることがある．

そこでこの本では，被積分関数 $z = f(x, y)$ が定義域で連続かつ $f(x, y) \geqq 0$ で，さらに積分領域 D の境界の面積が 0 で，任意の $r > 0$ に対して $D \cap \{(x, y) : x^2 + y^2 \leqq r^2\}$ が面積確定であると仮定する．

4.10.1 領域が有界でない場合

領域 D は有界でないとする．このとき，次の条件 (#) を満たす D に含まれる面積確定の有界閉領域の列 $\{D_n\}$

$$D_1 \subset D_2 \subset \cdots \subset D_n \subset \cdots \subset D$$

を D の近似増加列という．

(#) 領域 D に含まれる任意の有界閉領域 D' に対して，ある m が存在して $D' \subset D_m$ となる．

D のどの様な近似増加列 $\{D_n\}$ に対しても $\{D_n\}$ の取り方に無関係な極限値

$$\lim_{n\to\infty} \iint_{D_n} f(x, y)\, dxdy$$

が存在するならば，その極限値を

$$\iint_D f(x, y)\, dxdy$$

と書き，$f(x, y)$ の D 上の広義積分という．

例 4.10.1. $D = \{(x,y) : 0 \leqq x,\ 0 \leqq y\}$ とするとき，広義積分 $\displaystyle\iint_D \frac{1}{(x+y+2)^3}\,dxdy$ の値を求めよ.

領域 D の近似増加列 $\{D_n\}$ として $D_n = \{(x,y) : 0 \leqq x \leqq n,\ 0 \leqq y \leqq n\}$ をとる.

求める広義積分は

$$
\begin{aligned}
&\iint_D \frac{1}{(x+y+2)^3}\,dxdy \\
&= \lim_{n\to\infty} \iint_{D_n} \frac{1}{(x+y+2)^3}\,dxdy \\
&= \lim_{n\to\infty} \int_0^n \left(\int_0^n \frac{1}{(x+y+2)^3}\,dy\right) dx \\
&= \lim_{n\to\infty} \int_0^n \left[-\frac{1}{2(x+y+2)^2}\right]_0^n dx \\
&= \lim_{n\to\infty} \int_0^n \frac{1}{2}\left\{\frac{1}{(x+2)^2} - \frac{1}{(x+n+2)^2}\right\} dx \\
&= \lim_{n\to\infty} \frac{1}{2}\left[-\frac{1}{x+2} + \frac{1}{x+n+2}\right]_0^n \\
&= \lim_{n\to\infty} \frac{1}{2}\left\{\left(-\frac{1}{n+2} + \frac{1}{2n+2}\right) - \left(-\frac{1}{2} + \frac{1}{n+2}\right)\right\} = \frac{1}{4}.
\end{aligned}
$$

例 4.10.2. 広義積分 $\displaystyle\iint_{\mathbb{R}^2} \frac{1}{(x^2+y^2+1)^2}\,dxdy$ の値を求めよ.

関数の形から，$\mathbb{R}^2$ の近似増加列として $D_n = \{(x,y) : x^2+y^2 \leqq n^2\}$ をとる. D_n に対応する極座標での領域は $E_n = \{(r,\theta) : 0 \leqq r \leqq n,\ 0 \leqq \theta \leqq 2\pi\}$ になる.

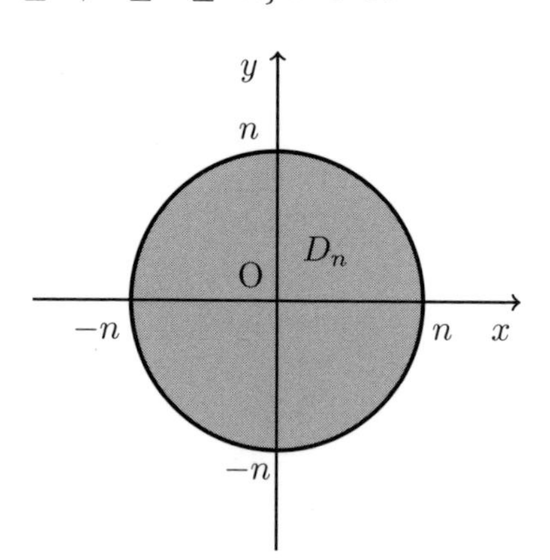

求める広義積分は

$$
\begin{aligned}
&\iint_{\mathbb{R}^2} \frac{1}{(x^2+y^2+1)^2}\,dxdy \\
&= \lim_{n\to\infty} \iint_{D_n} \frac{1}{(x^2+y^2+1)^2}\,dxdy \\
&= \lim_{n\to\infty} \iint_{E_n} \frac{1}{(r^2+1)^2}\,r\,drd\theta \\
&= \lim_{n\to\infty} \frac{1}{2}\left(\int_0^n \frac{(r^2+1)'}{(r^2+1)^2}\,dr\right)\cdot\left(\int_0^{2\pi} d\theta\right) \\
&= \lim_{n\to\infty} \frac{1}{2}\left[\frac{-1}{r^2+1}\right]_0^n \cdot 2\pi \\
&= \lim_{n\to\infty} \pi\left(1 - \frac{1}{n^2+1}\right) = \pi.
\end{aligned}
$$

4.11 広義積分 II

今度は，積分領域 D が定義域より真に大きい場合を考える．

4.11.1 領域が被積分関数の値が定義されない点を含む場合

領域 D を有界閉集合とし，関数 $z = f(x, y)$ $(\geqq 0)$ は領域 D の境界の点の集合 P で有界ではなく，それ以外の点では連続であるとする．このとき次の条件 (##) を満たすような D に含まれる面積確定の閉領域の列 D_n

$$D_1 \subset D_2 \subset \cdots \subset D_n \subset \cdots \subset D$$

を D の近似増加列という．

(##) 領域 D に含まれる任意の閉領域で集合 P を含まないものを D' としたとき，ある m が存在して，$D' \subset D_m$ となる．

D のどの様な近似増加列 $\{D_n\}$ に対しても $\{D_n\}$ の取り方に無関係な極限値

$$\lim_{n\to\infty} \iint_{D_n} f(x, y)\, dxdy$$

が存在するならば，その極限値を

$$\iint_D f(x, y)\, dxdy$$

と書き，$f(x, y)$ の D 上の広義積分という．

注 4.11.1. 原点 $(0, 0)$ で関数が定義されていないと仮定する．このとき，$D = [0, 1] \times [0, 1]$ に含まれる閉領域の列 $\{D_n\}$ を $D_n = \left[\frac{1}{n}, 1\right] \times [0, 1]$ と定義すると，この閉領域の列は近似増加列にはならない．なぜなら，D に含まれる原点を含まない閉領域 $[0, 1] \times \left[\frac{1}{2}, 1\right]$ を含むような D_n は存在しないからである．

しかし，$D'_n = \left\{(x, y) : 0 \leqq x \leqq 1,\ 0 \leqq y \leqq 1,\ x + y \geqq \dfrac{1}{n}\right\}$ とすれば近似増加列になる．

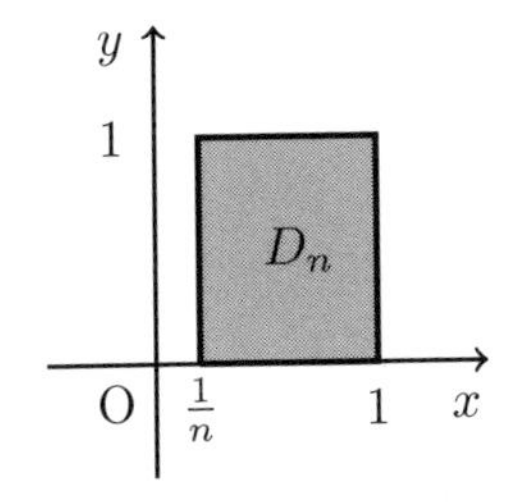

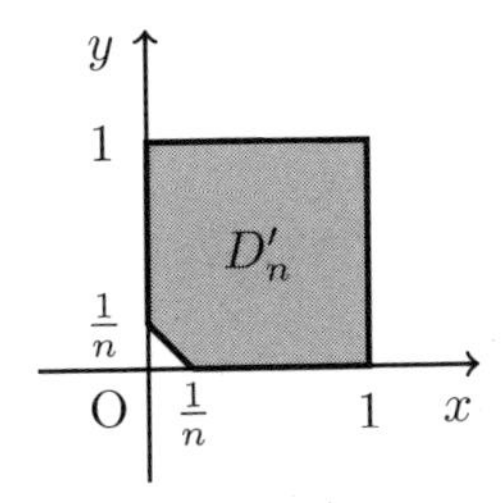

例 4.11.1. $D = \{(x, y) : 0 \leqq x \leqq y \leqq 1\}$ とするとき，広義積分 $\displaystyle\iint_D \frac{1}{\sqrt{x^2+y^2}}\,dxdy$ の値を求めよ．

領域 D の近似増加列 $\{D_n\}$ として $D_n = \left\{(x, y) : 0 \leqq x \leqq y \leqq 1,\ y \geqq \dfrac{1}{n}\right\}$ をとる．

先ずは領域 D_n 上での積分を求めると

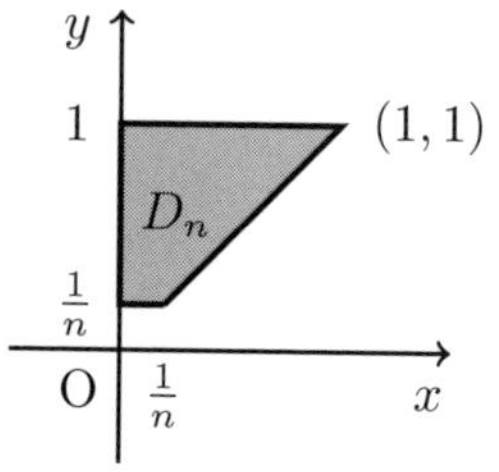

$$
\begin{aligned}
&\iint_{D_n} \frac{1}{\sqrt{x^2+y^2}}\,dxdy \\
&= \int_{\frac{1}{n}}^{1} \left(\int_0^y \frac{1}{\sqrt{x^2+y^2}}\,dx \right) dy \\
&= \int_{\frac{1}{n}}^{1} \left[\log\left(x + \sqrt{x^2+y^2}\right) \right]_0^y dy \\
&= \int_{\frac{1}{n}}^{1} \left\{ \log\left(y + \sqrt{2}y\right) - \log y \right\} dy \\
&= \int_{\frac{1}{n}}^{1} \log\left(1+\sqrt{2}\right) dy = \left(1 - \frac{1}{n}\right) \log(1+\sqrt{2}).
\end{aligned}
$$

したがって，求める広義積分は

$$
\begin{aligned}
\iint_D \frac{1}{\sqrt{x^2+y^2}}\,dxdy &= \lim_{n\to\infty} \iint_{D_n} \frac{1}{\sqrt{x^2+y^2}}\,dxdy \\
&= \lim_{n\to\infty} \left(1 - \frac{1}{n}\right) \log(1+\sqrt{2}) = \log(1+\sqrt{2}).
\end{aligned}
$$

ここで，$\displaystyle\int \frac{1}{\sqrt{x^2+y^2}}\,dx$ は $t = x + \sqrt{x^2+y^2}$ と置換すると

$$
\begin{aligned}
dt &= dx + \frac{1}{2} \cdot \frac{2x}{\sqrt{x^2+y^2}}\,dx \\
dt &= \left(1 + \frac{x}{\sqrt{x^2+y^2}}\right) dx \\
dt &= \frac{x + \sqrt{x^2+y^2}}{\sqrt{x^2+y^2}}\,dx \\
\frac{dt}{t} &= \frac{dx}{\sqrt{x^2+y^2}}
\end{aligned}
$$

となるので

$$
\int \frac{1}{\sqrt{x^2+y^2}}\,dx = \int \frac{dt}{t} = \log|t| + C = \log\left|x + \sqrt{x^2+y^2}\right| + C
$$

と求めたことに注意する．

例 **4.11.2.** $D = \{(x,y) : x^2 + y^2 \leqq 1\}$ とするとき，広義積分 $\displaystyle\iint_D \frac{1}{\sqrt{1-x^2-y^2}}\,dxdy$ の値を求めよ．

領域 D の近似増加列 $\{D_n\}$ として $D_n = \left\{(x,y) : x^2 + y^2 \leqq \left(1 - \dfrac{1}{n}\right)^2\right\}$ をとる．D_n に対応する r-θ 平面の領域を E_n とすると $E_n = \left\{(r,\theta) : 0 \leqq r \leqq 1 - \dfrac{1}{n},\ 0 \leqq \theta \leqq 2\pi\right\}$ となる．

先ずは領域 D_n 上での積分を求めるが，極座標を使って変数変換して計算すると

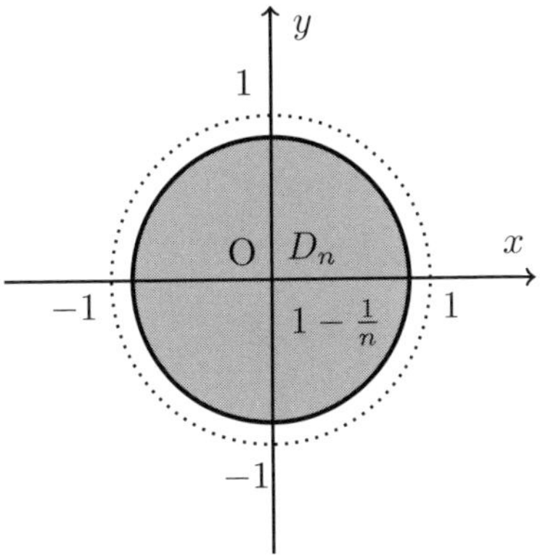

$$
\begin{aligned}
&\iint_{D_n} \frac{1}{\sqrt{1-x^2-y^2}}\,dxdy \\
&= \iint_{E_n} \frac{1}{\sqrt{1-r^2}} \cdot r\,drd\theta \\
&= -\frac{1}{2}\left(\int_0^{1-\frac{1}{n}} \frac{(1-r^2)'}{\sqrt{1-r^2}}\,dr\right) \cdot \left(\int_0^{2\pi} d\theta\right) \\
&= -\frac{1}{2}\left[\frac{(1-r^2)^{\frac{1}{2}}}{\frac{1}{2}}\right]_0^{1-\frac{1}{n}} \cdot 2\pi \\
&= -2\pi\left[\sqrt{1-r^2}\right]_0^{1-\frac{1}{n}} \\
&= 2\pi\left\{1 - \sqrt{1-\left(1-\frac{1}{n}\right)^2}\right\}.
\end{aligned}
$$

したがって，求める広義積分は

$$
\begin{aligned}
\iint_D \frac{1}{\sqrt{1-x^2-y^2}}\,dxdy &= \lim_{n\to\infty} \iint_{D_n} \frac{1}{\sqrt{1-x^2-y^2}}\,dxdy \\
&= \lim_{n\to\infty} 2\pi\left\{1 - \sqrt{1-\left(1-\frac{1}{n}\right)^2}\right\} = 2\pi.
\end{aligned}
$$

4.12　広義積分の計算例

4.12.1　計算例

例 4.12.1. $D = \{(x,y) : x \geqq 0,\ 0 \leqq y \leqq 1\}$ とするとき，広義積分 $\displaystyle\iint_D e^{-x-y}\,dxdy$ の値を求めよ．

領域 D の近似増加列 $\{D_n\}$ として $D_n = \{(x,y) : 0 \leqq x \leqq n,\ 0 \leqq y \leqq 1\}$ をとる．
先ずは領域 D_n 上での積分を求めると

$$
\begin{aligned}
&\iint_{D_n} e^{-x-y}\,dxdy \\
&= \left(\int_0^n e^{-x}\,dx\right)\cdot\left(\int_0^1 e^{-y}\,dy\right) \\
&= \left[-e^{-x}\right]_0^n \cdot \left[-e^{-y}\right]_0^1 = \left(1-\frac{1}{e^n}\right)\cdot\left(1-\frac{1}{e}\right).
\end{aligned}
$$

したがって，求める広義積分は

$$
\iint_D e^{-x-y}\,dxdy = \lim_{n\to\infty}\iint_{D_n} e^{-x-y}\,dxdy = \lim_{n\to\infty}\left(1-\frac{1}{e^n}\right)\cdot\left(1-\frac{1}{e}\right) = 1-\frac{1}{e}.
$$

例 4.12.2. $D = \{(x,y) : 0 \leqq x^2+y^2 \leqq 1\}$ とするとき，広義積分 $\displaystyle\iint_D \log\left(\frac{1}{x^2+y^2}\right)dxdy$ の値を求めよ．

領域 D の近似増加列 $\{D_n\}$ として $D_n = \left\{(x,y) : \dfrac{1}{n^2} \leqq x^2+y^2 \leqq 1\right\}$ をとる．D_n に対応する r-θ 平面の領域を E_n とすると $E_n = \left\{(r,\theta) : \dfrac{1}{n} \leqq r \leqq 1,\ 0 \leqq \theta \leqq 2\pi\right\}$ となる．

先ずは領域 D_n 上での積分を求めるが，極座標を使って変数変換すると

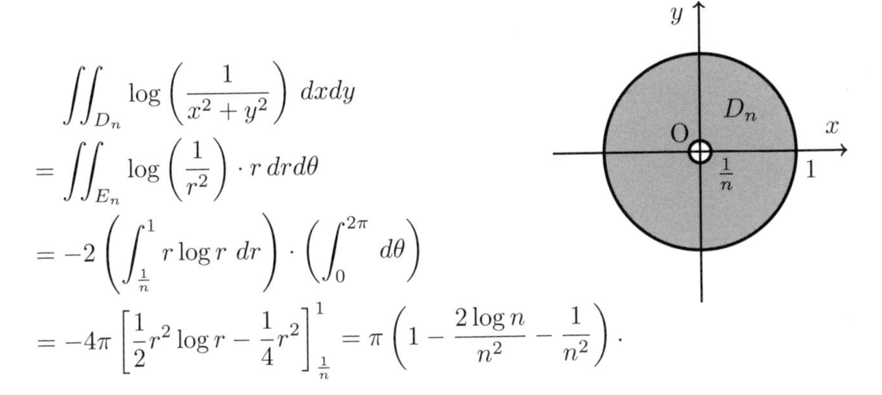

$$
\begin{aligned}
&\iint_{D_n} \log\left(\frac{1}{x^2+y^2}\right) dxdy \\
&= \iint_{E_n} \log\left(\frac{1}{r^2}\right) \cdot r\, drd\theta \\
&= -2\left(\int_{\frac{1}{n}}^{1} r \log r \ dr\right) \cdot \left(\int_0^{2\pi} d\theta\right) \\
&= -4\pi\left[\frac{1}{2}r^2 \log r - \frac{1}{4}r^2\right]_{\frac{1}{n}}^{1} = \pi\left(1 - \frac{2\log n}{n^2} - \frac{1}{n^2}\right).
\end{aligned}
$$

したがって，求める広義積分は

$$
\begin{aligned}
\iint_D \log\left(\frac{1}{x^2+y^2}\right) dxdy &= \lim_{n\to\infty} \iint_{D_n} \log\left(\frac{1}{x^2+y^2}\right) dxdy \\
&= \lim_{n\to\infty} \pi\left(1 - \frac{2\log n}{n^2} - \frac{1}{n^2}\right) = \pi.
\end{aligned}
$$

ここで，部分積分を使って

$$
\begin{aligned}
\int r \log r\, dr &= \frac{r^2}{2}\log r - \int \frac{r^2}{2} \cdot \frac{1}{r}\, dr \\
&= \frac{r^2}{2}\log r - \int \frac{r}{2}\, dr \\
&= \frac{r^2}{2}\log r - \frac{r^2}{4} + C
\end{aligned}
$$

$$
\begin{array}{ccc}
r & & \frac{r^2}{2} \\
\downarrow & \nearrow & \downarrow - \\
\log r & & \frac{1}{r}
\end{array}
$$

と，L'Hopital の定理を使って

$$
\lim_{n\to\infty} \frac{\log n}{n^2} = \lim_{n\to\infty} \frac{\left(\frac{1}{n}\right)}{2n} = \lim_{n\to\infty} \frac{1}{2n^2} = 0
$$

と求めたことに注意する．

例 4.12.3. $D = \{(x,y) : x \geqq 0,\, y \geqq 0\}$ とするとき，広義積分 $\displaystyle\iint_D \frac{1}{1+x^2+y^2}\, dxdy$ の値を求めよ．

関数の形から，領域 D の近似増加列 $\{D_n\}$ として $D_n = \left\{(x,y) : x \geqq 0,\, y \geqq 0,\, x^2+y^2 \leqq n^2\right\}$ をとる．D_n に対応する r-θ 平面の領域を E_n とすると $E_n = \left\{(r,\theta) : 0 \leqq r \leqq n,\, 0 \leqq \theta \leqq \dfrac{\pi}{2}\right\}$ となる．

先ずは領域 D_n 上での積分を求めるが，極座標を使って変数変換すると

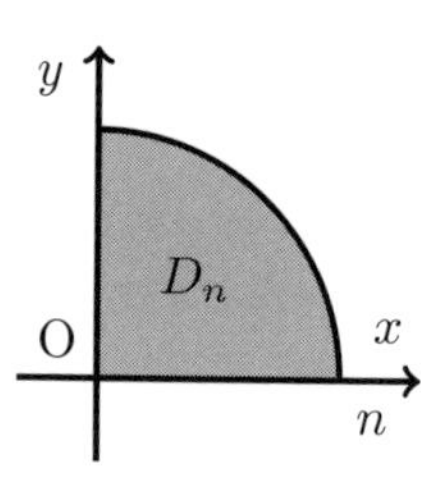

$$
\begin{aligned}
&\iint_{D_n} \frac{1}{1+x^2+y^2}\,dxdy \\
&= \iint_{E_n} \frac{1}{1+r^2}\cdot r\,drd\theta \\
&= \left(\int_0^n \frac{r}{1+r^2}\,dr\right)\cdot\left(\int_0^{\frac{\pi}{2}} d\theta\right). \\
&= \frac{1}{2}\left(\int_0^n \frac{(1+r^2)'}{1+r^2}\,dr\right)\cdot\frac{\pi}{2} \\
&= \frac{\pi}{4}\left[\log(1+r^2)\right]_0^n \\
&= \frac{\pi\log(1+n^2)}{4}.
\end{aligned}
$$

したがって，求める広義積分は

$$
\begin{aligned}
\iint_D \frac{1}{1+x^2+y^2}\,dxdy &= \lim_{n\to\infty}\iint_{D_n}\frac{1}{1+x^2+y^2}\,dxdy \\
&= \lim_{n\to\infty}\frac{\pi\log(1+n^2)}{4} = \infty.
\end{aligned}
$$

もちろん，r が十分大きいところでは $\dfrac{r}{1+r^2} \approx \dfrac{r}{r^2} = \dfrac{1}{r}$ となるので，実際に積分を計算しなくても発散することが分かる．

例 4.12.4. $\displaystyle\iint_{\mathbb{R}^2}(x^2+y^2)e^{-(x^2+y^2)}\,dxdy$ を求めよ．

関数の形から，領域 $\mathbb{R}^2$ の近似増加列 $\{D_n\}$ として $D_n = \{(x,y):\ x^2+y^2 \leqq n^2\}$ をとる．D_n に対応する r-θ 平面の領域を E_n とすると $E_n = \{(r,\theta) : 0 \leqq r \leqq n,\ 0 \leqq \theta \leqq 2\pi\}$ となる．

先ずは領域 D_n 上での積分を求めるが，極座標を使って変数変換すると

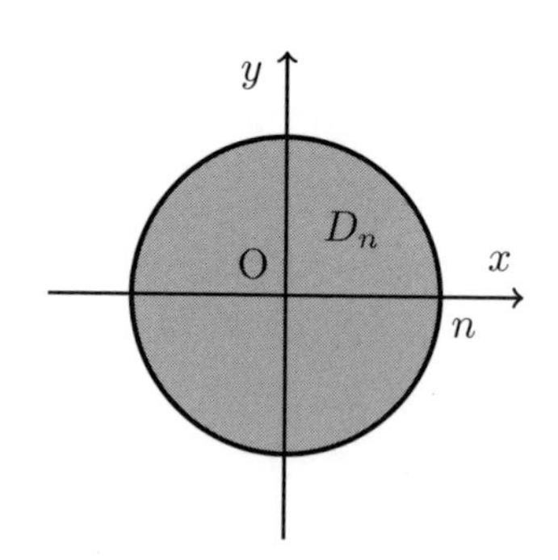

$$
\begin{aligned}
&\iint_{D_n}(x^2+y^2)e^{-(x^2+y^2)}\,dxdy \\
&= \iint_{E_n} r^2e^{-r^2}\cdot r\,drd\theta \\
&= \left(\int_0^n r^3e^{-r^2}\,dr\right)\cdot\left(\int_0^{2\pi} d\theta\right) \\
&= \left[-\frac{1}{2}(1+r^2)e^{-r^2}\right]_0^n\cdot 2\pi \\
&= \pi\left(1-\frac{1+n^2}{e^{n^2}}\right).
\end{aligned}
$$

したがって，求める広義積分は

$$\iint_{\mathbb{R}^2}(x^2+y^2)e^{-(x^2+y^2)}\,dxdy = \lim_{n\to\infty}\iint_{D_n}(x^2+y^2)e^{-(x^2+y^2)}\,dxdy$$
$$= \lim_{n\to\infty}\pi\left(1-\frac{1+n^2}{e^{n^2}}\right)=\pi.$$

ここで部分積分を使って

$$\begin{aligned}\int r^3e^{-r^2}\,dr &= \int r^2\cdot re^{-r^2}\,dr\\ &= -\frac{r^2}{2}e^{-r^2}+\int re^{-r^2}\,dr\\ &= -\frac{r^2}{2}e^{-r^2}-\frac{1}{2}\int(-r^2)'e^{-r^2}\,dr\\ &= -\frac{r^2}{2}e^{-r^2}-\frac{1}{2}e^{-r^2}+C\\ &= -\frac{1}{2}(1+r^2)e^{-r^2}+C\end{aligned}$$

$$\begin{array}{ccc} re^{-r^2} & & \dfrac{e^{-r^2}}{-2} \\ \downarrow & \nearrow & \downarrow^{-} \\ r^2 & & 2r \end{array}$$

と，L'Hopital の定理を使って

$$\lim_{n\to\infty}\frac{1+n^2}{e^{n^2}} = \lim_{n\to\infty}\frac{2n}{2ne^{n^2}} = \lim_{n\to\infty}\frac{1}{e^{n^2}} = 0$$

と求めたことに注意する．

4.12.2 Gauss 積分

関数 $y=e^{-x^2}$ の不定積分 $\int e^{-x^2}\,dx$ は既知の関数で書き表すことができない．しかし，重積分を使うと $\int_0^\infty e^{-x^2}\,dx=\frac{\sqrt{\pi}}{2}$ であることが示せる．また，e^{-x^2} は偶関数なので $\int_{-\infty}^\infty e^{-x^2}\,dx=2\int_0^\infty e^{-x^2}\,dx=\sqrt{\pi}$ となる．

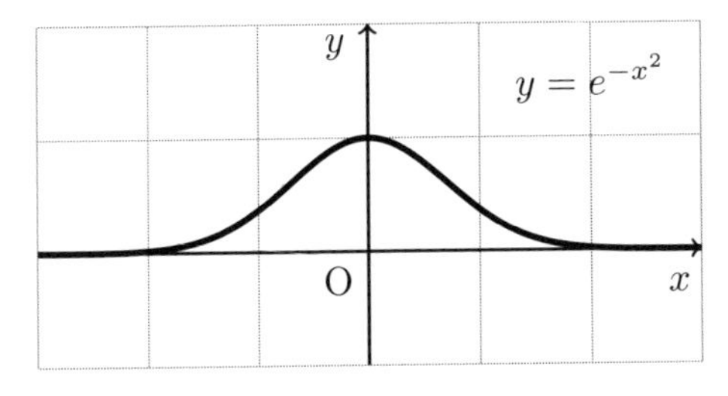

正の数 $R>0$ に対して，正方形領域 $D(R)$ と扇形領域 $F(R)$ を

$$D(R)=\{(x,y):0\leqq x\leqq R,\,0\leqq y\leqq R\}$$
$$F(R)=\{(x,y):x\geqq 0,\ y\geqq 0,\,x^2+y^2\leqq R^2\}$$

と定める．このとき $F(R)\subset D(R)\subset F(\sqrt{2}R)$ となるので，正の値をとる 2 変数関数 $z=e^{-x^2-y^2}$ の積分を考えると

$$\iint_{F(R)} e^{-x^2-y^2}\,dxdy\leqq\iint_{D(R)} e^{-x^2-y^2}\,dxdy\leqq\iint_{F(\sqrt{2}R)} e^{-x^2-y^2}\,dxdy.$$

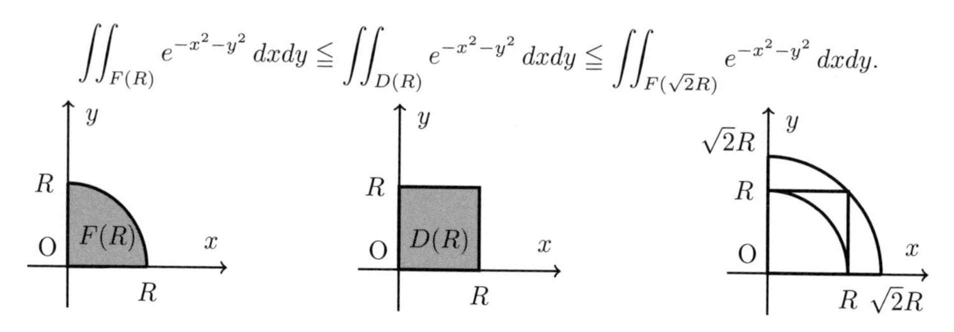

ここで $D(R)$ は区画なので

$$\iint_{D(R)} e^{-x^2-y^2}\,dxdy=\left(\int_0^R e^{-x^2}\,dx\right)\cdot\left(\int_0^R e^{-y^2}\,dy\right)=\left(\int_0^R e^{-x^2}\,dx\right)^2.$$

今度は，極座標変換を使って $F(R)$ 上の重積分を $E(R)=\left\{(r,\theta):0\leqq r\leqq R,\,0\leqq\theta\leqq\dfrac{\pi}{2}\right\}$ 上の重積分として計算すると

$$\begin{aligned}\iint_{F(R)} e^{-x^2-y^2}\,dxdy&=\iint_{E(R)} re^{-r^2}\,drd\theta\\&=-\frac{1}{2}\left(\int_0^R(-r^2)'e^{-r^2}\,dr\right)\cdot\left(\int_0^{\frac{\pi}{2}}d\theta\right)\\&=-\frac{1}{2}\left[e^{-r^2}\right]_0^R\cdot\frac{\pi}{2}=\frac{\pi\left(1-e^{-R^2}\right)}{4}\end{aligned}$$

ここで $R\to\infty$ のときの極限をとれば

$$\lim_{R\to\infty}\iint_{F(R)} e^{-x^2-y^2}\,dxdy=\lim_{R\to\infty}\iint_{F(\sqrt{2}R)} e^{-x^2-y^2}\,dxdy=\frac{\pi}{4}$$

となるので

$$\lim_{R\to\infty}\iint_{D(R)} e^{-x^2-y^2}\,dxdy=\left(\int_0^\infty e^{-x^2}\,dx\right)^2=\frac{\pi}{4}.$$

したがって，$\displaystyle\int_0^\infty e^{-x^2}\,dx=\frac{\sqrt{\pi}}{2}$ である．

例 4.12.5. $\displaystyle\int_{-\infty}^{\infty} e^{-x^2}\,dx = \sqrt{\pi}$ を使って，平均が 0 で，標準偏差が 1 の正規分布の確率密度関数 $y = \dfrac{1}{\sqrt{2\pi}}e^{-\frac{x^2}{2}}$ が $\displaystyle\int_{-\infty}^{\infty} \frac{1}{\sqrt{2\pi}}e^{-\frac{x^2}{2}}\,dx = 1$ を満たすことを示せ．

$t = \dfrac{x}{\sqrt{2}}$ と置くと，$\sqrt{2}t = x$ より $\sqrt{2}\,dt = dx$ を得るので

$$\begin{aligned}\int_{-\infty}^{\infty} \frac{1}{\sqrt{2\pi}}e^{-\frac{x^2}{2}}\,dx &= \int_{-\infty}^{\infty} \frac{1}{\sqrt{2\pi}}e^{-t^2}\cdot\sqrt{2}\,dt \\ &= \frac{1}{\sqrt{\pi}}\int_{-\infty}^{\infty} e^{-t^2}\,dt = 1.\end{aligned}$$

例 4.12.6. $D = \{(x, y) : x \geqq 0, y \geqq 0\}$ とするとき，$\displaystyle\int_0^{\infty} e^{-x^2}\,dx = \frac{\sqrt{\pi}}{2}$ を使って $\displaystyle\iint_D e^{-(x^2+y)}\,dxdy$ の値を求めよ．

$D_n = [0, n] \times [0, n]$ と置くと $\displaystyle\iint_{D_n} e^{-(x^2+y)}\,dxdy = \left(\int_0^n e^{-x^2}\,dx\right)\cdot\left(\int_0^n e^{-y}\,dy\right).$

$$n \to \infty \text{ のとき } \int_0^n e^{-x^2}\,dx \to \frac{\sqrt{\pi}}{2},\ \int_0^n e^{-y}\,dy = \left[-e^{-y}\right]_0^n = 1 - \frac{1}{e^n} \to 1$$

となるので $\displaystyle\iint_D e^{-(x^2+y)}\,dxdy = \frac{\sqrt{\pi}}{2}.$

例 4.12.7. $\displaystyle\int_{-\infty}^{\infty} e^{-x^2}\,dx = \sqrt{\pi}$ を使って $\displaystyle\iint_{\mathbb{R}^2} e^{-(x^2+xy+y^2)}\,dxdy$ の値を求めよ．

$x^2 + xy + y^2$ を平方完成すると

$$x^2 + xy + y^2 = \left\{x^2 + xy + \left(\frac{y}{2}\right)^2\right\} - \left(\frac{y}{2}\right)^2 + y^2 = \left(x + \frac{y}{2}\right)^2 + \frac{3}{4}y^2$$

となるので $u = x + \dfrac{y}{2}$, $v = \dfrac{\sqrt{3}}{2}y$ と変数変換する．$\dfrac{\partial(u, v)}{\partial(x, y)} = \begin{vmatrix} 1 & \frac{1}{2} \\ 0 & \frac{\sqrt{3}}{2} \end{vmatrix} = \dfrac{\sqrt{3}}{2}$ なので，逆数をとれば $\dfrac{\partial(x, y)}{\partial(u, v)} = \dfrac{2}{\sqrt{3}}$ となる．したがって，

$$\begin{aligned}\iint_{\mathbb{R}^2} e^{-(x^2+xy+y^2)}\,dxdy &= \iint_{\mathbb{R}^2} e^{-(u^2+v^2)}\cdot\frac{2}{\sqrt{3}}\,dudv \\ &= \frac{2}{\sqrt{3}}\cdot\left(\int_{-\infty}^{\infty} e^{-u^2}\,du\right)\cdot\left(\int_{-\infty}^{\infty} e^{-v^2}\,dv\right) \\ &= \frac{2}{\sqrt{3}}\cdot\left(\sqrt{\pi}\right)^2 = \frac{2\pi}{\sqrt{3}}.\end{aligned}$$

例 4.12.8. $\displaystyle\int_{-\infty}^{\infty} e^{-x^2}\,dx = \sqrt{\pi}$ を使って $\displaystyle\iint_{\mathbb{R}^2} x^2y^2e^{-(x^2+y^2)}\,dxdy$ の値を求めよ.

領域 D の近似増加列 $\{D_n\}$ として $D_n = \{(x,y) : -n \leqq x \leqq n,\ -n \leqq y \leqq n\}$ をとる.

先ずは領域 D_n 上での積分を求めると

$$
\begin{aligned}
&\iint_{D_n} x^2y^2e^{-(x^2+y^2)}\,dxdy \\
&= \left(\int_{-n}^{n} x^2e^{-x^2}\,dx\right)\cdot\left(\int_{-n}^{n} y^2e^{-y^2}\,dy\right) \\
&= \left(\int_{-n}^{n} x^2e^{-x^2}\,dx\right)^2 \\
&= \left\{\left[-\frac{1}{2}xe^{-x^2}\right]_{-n}^{n} + \frac{1}{2}\int_{-n}^{n} e^{-x^2}\,dx\right\}^2 \\
&= \left(-\frac{n}{e^{n^2}} + \frac{1}{2}\int_{-n}^{n} e^{-x^2}\,dx\right)^2.
\end{aligned}
$$

したがって，求める広義積分は

$$
\begin{aligned}
\iint_{\mathbb{R}^2} x^2y^2e^{-(x^2+y^2)}\,dxdy &= \lim_{n\to\infty}\iint_{D_n} x^2y^2e^{-(x^2+y^2)}\,dxdy \\
&= \lim_{n\to\infty}\left(-\frac{n}{e^{n^2}} + \frac{1}{2}\int_{-n}^{n} e^{-x^2}\,dx\right)^2 = \frac{\pi}{4}.
\end{aligned}
$$

ここで，部分積分を使って

$$
\begin{aligned}
\int x^2e^{-x^2}\,dx &= \int x\cdot xe^{-x^2}\,dx \\
&= -\frac{1}{2}xe^{-x^2} + \int \frac{e^{-x^2}}{2}\,dx
\end{aligned}
$$

$$
\begin{array}{ccc}
xe^{-x^2} & & \dfrac{e^{-x^2}}{-2} \\
\downarrow & \nearrow & \downarrow^{-} \\
x & & 1
\end{array}
$$

と L'Hopital の定理を使って

$$
\lim_{n\to\infty}\frac{n}{e^{n^2}} = \lim_{n\to\infty}\frac{1}{2ne^{n^2}} = 0
$$

と求めたことに注意する.

4.13 曲面の面積

4.13.1 x-y 平面への射影と面積

x 軸方向の傾きが α，y 軸方向の傾きが β で点 (a,b,c) を通る平面の方程式は

$$z = \alpha(x-a) + \beta(y-b) + c$$
$$\alpha(x-a) + \beta(y-b) - (z-c) = 0$$

であった．したがって，法線ベクトルとして $\boldsymbol{n}_1 = (\alpha, \beta, -1)$ がとれる．

また，x-y 平面の法線ベクトルとして $\boldsymbol{n}_2 = (0, 0, -1)$ がとれるので，x-y 平面との間の角を θ とすると

$$\cos\theta = \frac{\boldsymbol{n}_1 \cdot \boldsymbol{n}_2}{|\boldsymbol{n}_1| \cdot |\boldsymbol{n}_2|} = \frac{1}{\sqrt{\alpha^2 + \beta^2 + 1}}.$$

このことから，平面 $z = \alpha(x-a) + \beta(y-b) + c$ 内の面積 S の底辺が交線と平行な長方形とその長方形を x-y 平面へと射影した長方形の面積 D の間には次の関係がある．

$$S\cos\theta = D$$
$$\frac{S}{\sqrt{\alpha^2 + \beta^2 + 1}} = D$$
$$S = \sqrt{\alpha^2 + \beta^2 + 1}\, D$$

これは，射影すると長方形の高さが $\cos\theta$ 倍されるとも解釈できる．

長方形とは限らない平面 $z = \alpha(x-a) + \beta(y-b) + c$ 内の図形に対しても，その図形を長方形の和集合で近似して，極限をとればよいので上の関係式は成り立つ．

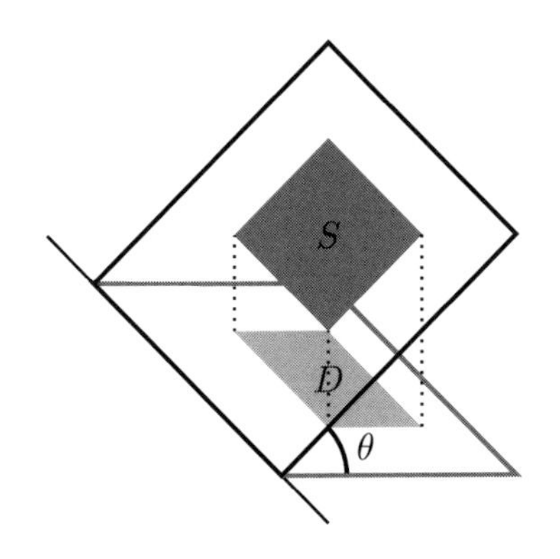

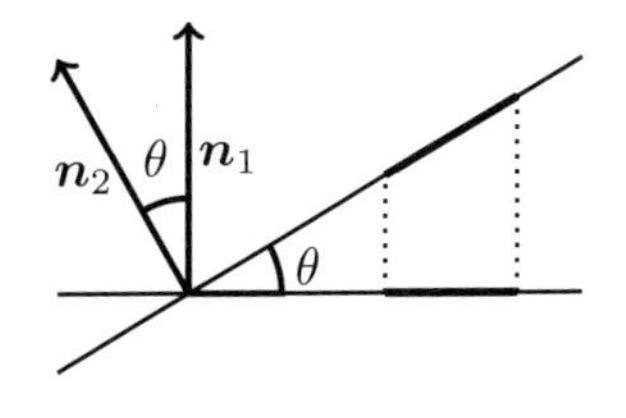

4.13.2　外積と面積

平面 $z = \alpha x + \beta y + c$ を 4 点 $(0,0)$, $(1,0)$, $(1,1)$, $(0,1)$ を頂点とする正方形上に制限したのときにできる平行四辺形の面積を外積を使って求めてみる．

この平行四辺形の面積は 2 つの空間ベクトル $(1,0,\alpha)$ と $(0,1,\beta)$ の外積の大きさに等しいので

$$(1,0,\alpha)\times(0,1,\beta) = \left(\begin{vmatrix} 0 & \alpha \\ 1 & \beta \end{vmatrix}, -\begin{vmatrix} 1 & \alpha \\ 0 & \beta \end{vmatrix}, \begin{vmatrix} 1 & 0 \\ 0 & 1 \end{vmatrix} \right) = (-\alpha, -\beta, 1)$$

より，面積は $\sqrt{\alpha^2+\beta^2+1}$ であることがわかる．

4.13.3　曲面の面積

閉領域 D 上で定義された関数 $z = f(x,y)$ のグラフ $S = \{(x,y,f(x,y)) : (x,y) \in D\}$ の面積を定義したい．

変数変換の証明の概略の様に領域 D を区画だと仮定し，区画 D_{ij} に分割する．そして，曲面 S を D_{ij} 上に制限した曲面 $S_{ij} = \{(x,y,f(x,y)) : (x,y) \in D_{ij}\}$ の面積を考える．

分割が十分に細かければ曲面 S_{ij} は接平面 $z = f_x(x_{ij},y_{ij})(x-x_{ij}) + f_y(x_{ij},y_{ij})(y-y_{ij}) + f(x_{ij},y_{ij})$ を D_{ij} 上に制限した平行四辺形 T_{ij} で近似できる．ただし，(x_{ij},y_{ij}) は D_{ij} の代表点とする．

したがって，$\mathrm{Area}(S_{ij})$ は次の様に 2 段階で $\mathrm{Area}(D_{ij})$ を使って近似できる．

$$\mathrm{Area}(S_{ij}) \approx \mathrm{Area}(T_{ij}) \approx \sqrt{(f_x(x_{ij},y_{ij}))^2 + (f_y(x_{ij},y_{ij}))^2 + 1}\cdot \mathrm{Area}(D_{ij}).$$

S_{ij} の面積の和の極限が曲面 S の面積になるはずなので

$$\mathrm{Area}(S) = \iint_D \sqrt{(f_x)^2+(f_y)^2+1}\,dxdy$$

で定義する．

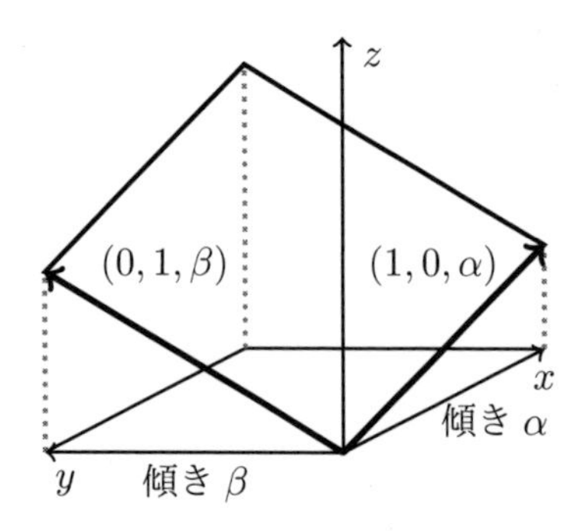

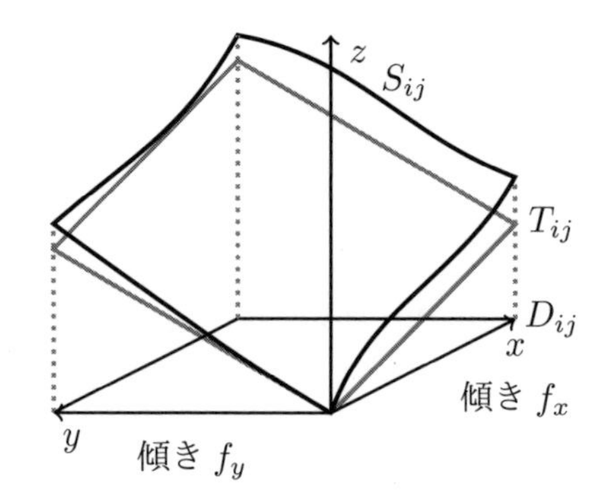

例 4.13.1. 関数 $z = x^2 + y^2$ の $z \leqq 4$ となる曲面の面積を求めよ．

偏導関数を計算すると $z_x = 2x$, $z_y = 2y$ となるので

$$\sqrt{(f_x)^2 + (f_y)^2 + 1} = \sqrt{(2x)^2 + (2y)^2 + 1} = \sqrt{1 + 4(x^2 + y^2)}.$$

これを極座標を使って，定義域 $D = \{(x, y) : x^2 + y^2 \leqq 2^2\}$ で積分すると

$$\begin{aligned}\iint_D \sqrt{1 + 4(x^2 + y^2)}\, dxdy &= \left(\int_0^2 r\sqrt{1 + 4r^2}\, dr\right)\left(\int_0^{2\pi} d\theta\right) \\ &= \frac{1}{8}\left(\int_0^a (1 + 4r^2)'(1 + 4r^2)^{\frac{1}{2}}\, dr\right) \cdot 2\pi \\ &= \frac{\pi}{4}\left[\frac{(1 + 4r^2)^{\frac{3}{2}}}{\frac{3}{2}}\right]_0^2 = \frac{\pi}{6}(17\sqrt{17} - 1).\end{aligned}$$

例 4.13.2. 半径 a $(\geqq 0)$ の球面の曲面の面積は $4\pi a^2$ であることを示せ．

関数 $z = \sqrt{a^2 - x^2 - y^2} = (a^2 - x^2 - y^2)^{\frac{1}{2}}$ のグラフの曲面積を定義にしたがって計算し，2 倍すればよい．

偏導関数を計算すると

$$f_x(x, y) = \frac{-x}{\sqrt{a^2 - x^2 - y^2}},\ f_y(x, y) = \frac{-y}{\sqrt{a^2 - x^2 - y^2}}$$

となるので

$$\begin{aligned}\sqrt{(f_x)^2 + (f_y)^2 + 1} &= \sqrt{\frac{(-x)^2 + (-y)^2 + (a^2 - x^2 - y^2)}{a^2 - x^2 - y^2}} \\ &= \sqrt{\frac{a^2}{a^2 - x^2 - y^2}} = \frac{a}{\sqrt{a^2 - x^2 - y^2}}.\end{aligned}$$

これを極座標を使って，定義域 $D = \{(x, y) : x^2 + y^2 \leqq a^2\}$ で積分すると

$$\begin{aligned}\iint_D \frac{a}{\sqrt{a^2 - x^2 - y^2}}\, dxdy &= a\left(\int_0^a \frac{r}{(a^2 - r^2)^{\frac{1}{2}}}\, dr\right)\left(\int_0^{2\pi} d\theta\right) \\ &= -\frac{1}{2}a\left(\int_0^a (a^2 - r^2)'(a^2 - r^2)^{-\frac{1}{2}}\, dr\right) \cdot 2\pi \\ &= -2\pi a \cdot \frac{1}{2}\left[\frac{(a^2 - r^2)^{\frac{1}{2}}}{\frac{1}{2}}\right]_0^a \\ &= -2\pi a \cdot (-a) = 2\pi a^2.\end{aligned}$$

2 倍すれば $4\pi a^2$ を得る．

第 5 章

微分形式

5.1 微分形式

5.1.1 x-y 平面上の微分形式

D を x-y 平面内の領域とする．このとき，D 上の微分 0 形式とは D 上の関数のことをいう．D 上の微分 1 形式とは

$$f(x, y)\,dx + g(x, y)\,dy$$

という形の形式的な和のことをいう．ただし，$f(x, y)$，$g(x, y)$ は D 上の関数である．D 上の微分 2 形式とは

$$h(x, y)\,dx \wedge dy$$

という形の D 上の関数 $h(x, y)$ と記号 $dx \wedge dy$ の積のことをいう．

微分 0, 1, 2 形式のことをまとめて単に微分形式という．また，u が微分 k 形式のとき，k を u の次数という．

ここで，微分形式の定義に出てきた dx, dy, $dx \wedge dy$ は単なる記号だと思う．

多項式と同様に項の係数が 0 のときはその項を省略する．また係数が 1 のときは，係数 1 を書かない．したがって，例えば $0 \cdot dx + 1 \cdot dy = dy$ である．

微分形式同士の和，微分形式と関数の積は普通に計算する．つまり、f_1, f_2, g_1, g_2, h を関数としたとき，

$$(f_1\,dx + g_1\,dy) + (f_2\,dx + g_2\,dy) = (f_1 + f_2)\,dx + (g_1 + g_2)\,dy$$
$$h(f_1\,dx + g_1\,dy) = hf_1\,dx + hg_1\,dy$$

の様に計算する．ただし，微分 1 形式と微分 2 形式等，異なる次数の微分形式の間の和は定義しない．

次に微分形式同士の積 (外積)$\wedge$ を定義する．これは次の計算規則で定まる．

外積の計算規則

(1) $dx \wedge dx = dy \wedge dy = 0$.

(2) $dx \wedge dy = -dy \wedge dx$.

(3) 外積 $\wedge$ は分配法則を満たす．つまり

$$u \wedge (v+w) = u \wedge v + u \wedge w, \ (v+w) \wedge u = v \wedge u + w \wedge u$$

が任意の微分形式 u, v, w に対して成り立つ．ただし，v, w の次数は等しいとする．

(4) 微分形式 u, v と関数 f に対して

$$(fu) \wedge v = u \wedge (fv) = f(u \wedge v).$$

例 5.1.1. $u = x\,dx + y\,dy$, $v = 2y\,dx - x\,dy$ のとき $u \wedge v$ を計算せよ．

$$\begin{aligned} u \wedge v &= (x\,dx + y\,dy) \wedge (2y\,dx - x\,dy) \\ &= x\,dx \wedge 2y\,dx + y\,dy \wedge 2y\,dx + x\,dx \wedge (-x)\,dy + y\,dy \wedge (-x)\,dy \\ &= 2xy\,dx \wedge dx + 2y^2\,dy \wedge dx - x^2\,dx \wedge dy - xy\,dy \wedge dy \\ &= 0 - 2y^2\ dx \wedge dy - x^2\ dx \wedge dy + 0 \\ &= -(x^2 + 2y^2)\,dx \wedge dy \end{aligned}$$

微分形式の計算は，同じ微分 1 形式 (dx と dx 等) を掛けると 0 になることと順番を入れ替えると符号が変わるという 2 点以外は，普通の文字式の計算と同じである．ただし，dx や dy は 1 つの記号だと思う．

例 5.1.2. $u = u_1\,dx + u_2\,dy$, $v = v_1\,dx + v_2\,dy$ を領域 D 上の微分 1 形式とする．このとき，$u \wedge v$ を計算せよ．

$$\begin{aligned} u \wedge v &= (u_1\,dx + u_2\,dy) \wedge (v_1\,dx + v_2\,dy) \\ &= u_1\,dx \wedge v_1\,dx + u_2\,dy \wedge v_1\,dx + u_1\,dx \wedge v_2\,dy + u_2\,dy \wedge v_2\,dy \\ &= u_1v_1\,dx \wedge dx + u_2v_1\,dy \wedge dx + u_1v_2\,dx \wedge dy + u_2v_2\,dy \wedge dy \\ &= u_1v_2\,dx \wedge dy - u_2v_1\,dx \wedge dy \\ &= (u_1v_2 - u_2v_1)\,dx \wedge dy. \end{aligned}$$

ここで係数が行列式 $\begin{vmatrix} u_1 & u_2 \\ v_1 & v_2 \end{vmatrix}$ になっていることに注意する．

5.1.2　外微分

領域 D 上の関数 f，つまり微分 0 形式に対して，その外微分を

$$df = \frac{\partial f}{\partial x}\,dx + \frac{\partial f}{\partial y}\,dy$$

で定義する．すなわち，微分 0 形式の外微分は全微分である．

領域 D 上の微分 1 形式に対しては，次の様に定義する．

$$\begin{aligned}
d(f\,dx + g\,dy) &= df \wedge dx + dg \wedge dy \\
&= \left(\frac{\partial f}{\partial x}\,dx + \frac{\partial f}{\partial y}\,dy\right) \wedge dx + \left(\frac{\partial g}{\partial x}\,dx + \frac{\partial g}{\partial y}\,dy\right) \wedge dy \\
&= \frac{\partial f}{\partial y}\,dy \wedge dx + \frac{\partial g}{\partial x}\,dx \wedge dy \\
&= \left(\frac{\partial g}{\partial x} - \frac{\partial f}{\partial y}\right) dx \wedge dy.
\end{aligned}$$

領域 D 上の微分 2 形式に対しては，次の様に定義する．

$$d(h\,dx \wedge dy) = dh \wedge dx \wedge dy = \left(\frac{\partial h}{\partial x}\,dx + \frac{\partial h}{\partial y}\,dy\right) \wedge dx \wedge dy = 0.$$

つまり，任意の微分 2 形式 u に対して $du = 0$ で定義する．

例 5.1.3. 微分 0 形式 $u = xy^2$ の外微分 du を計算せよ．

$$\begin{aligned}
du &= \frac{\partial}{\partial x}(xy^2)\,dx + \frac{\partial}{\partial y}(xy^2)\,dy \\
&= y^2\,dx + 2xy\,dy.
\end{aligned}$$

例 5.1.4. 微分 1 形式 $u = xy^2\,dx + y^5\,dy$ の外微分 du を計算せよ．

$$\begin{aligned}
du &= d(xy^2\,dx + y^5\,dy) \\
&= d(xy^2) \wedge dx + d(y^5) \wedge dy \\
&= (y^2\,dx + 2xy\,dy) \wedge dx + 5y^4\,dy \wedge dy \\
&= 2xy\,dy \wedge dx \\
&= -2xy\,dx \wedge dy.
\end{aligned}$$

5.2 微分形式の積分

5.2.1 微分形式の積分

I を有界な閉区間 $[a,b]$ とする．このとき，I 上の微分 1 形式 $v=f(x)\,dx$ の積分 $\displaystyle\int_I v$ を次の様に定義する．

$$\int_I v=\int_a^b f(x)\,dx$$

D を平面内の有界な閉領域とする．このとき，D 上の微分 2 形式 $u=f(x,y)\,dx\wedge dy$ の積分 $\displaystyle\int_D u$ を次の様に定義する．

$$\int_D u=\iint_D f(x,y)\,dxdy$$

注 5.2.1. 微分 1 形式は曲線上で，微分 2 形式は平面内の領域上で積分されるものである．

5.2.2 曲線への微分 1 形式の引き戻し

区間 I から平面への写像を $\Phi(t)=(x(t),y(t))$ とする．このとき，微分 1 形式 $u=f(x,y)\,dx+g(x,y)\,dy$ の Φ による引き戻しを

$$\Phi^*u=f(x(t),y(t))\,dx(t)+g(x(t),y(t))\,dy(t)$$

で定義すると区間 I 上の微分 1 形式になる．

そして，曲線 C_1 上の微分 1 形式 u の積分を C_1 の媒介変数表示による引き戻しの積分で定義する．つまり，$\Phi:I\to C_1$ を C_1 の媒介変数表示とすると，

$$\int_{C_1}u=\int_I\Phi^*u$$

で定義する．ただし，C_1 の向きと Φ から誘導される C_1 の向きは同じ向きとする．

例 5.2.1. C_1 を点 $(0,0)$ から $(1,2)$ へ向かう直線とする．このとき直線 C_1 の媒介変数表示を $(t,2t)$ とすると $dx=dt$, $dy=2\,dt$ となる．したがって，

$$\begin{aligned}\Phi^*(4x^2y\,dx+2y\,dy)&=4t^2\cdot 2t\,dt+2\cdot 2t\cdot 2\,dt\\&=8t^3\,dt+8t\,dt=(8t^3+8t)\,dt.\end{aligned}$$

このとき直線 C_1 上での $4x^2y\,dx+2y\,dy$ の積分は

$$\int_{C_1} 4x^2y\,dx+2y\,dy=\int_0^1(8t^3+8t)\,dt$$
$$=\left[2t^4+4t^2\right]_0^1=6.$$

5.2.3 平面への微分 2 形式の引き戻し

s-t 平面内の領域 E から x-y 平面への写像を $\Phi(s,t)=(x(s,t),y(s,t))$ とする．このとき，x-y 平面上の微分 2 形式 $u=f(x,y)\,dx\wedge dy$ の Φ による引き戻しを

$$\Phi^*u=f(x(s,t),y(s,t))\,dx(s,t)\wedge dy(s,t)$$

で定義すると領域 E 上の微分 2 形式になる．

$\Phi:E\to D$ を平面内の有界領域の間の微分可能な向きを保つ 1 対 1 の写像とする．ここで，Φ が向きを保つとは Φ の Jacobi 行列式が E の全ての点で正であることをいう．

このとき v を領域 D 上の 2 形式とすると

$$\int_D v=\int_E\Phi^*v$$

が成り立つ．したがって，向きを保つ微分可能な 1 対 1 の写像であれば，変数変換して積分の値を計算することが出来る．ただし，証明はここでは省略する．

例 5.2.2. 平面の極座標を考えると $x=r\cos\theta$, $y=r\sin\theta$ であったので

$$\begin{aligned}
dx&=\frac{\partial}{\partial r}(r\cos\theta)\,dr+\frac{\partial}{\partial\theta}(r\cos\theta)\,d\theta=\cos\theta\,dr-r\sin\theta\,d\theta,\\
dy&=\frac{\partial}{\partial r}(r\sin\theta)\,dr+\frac{\partial}{\partial\theta}(r\sin\theta)\,d\theta=\sin\theta\,dr+r\cos\theta\,d\theta,\\
dx\wedge dy&=(\cos\theta\,dr-r\sin\theta\,d\theta)\wedge(\sin\theta\,dr+r\cos\theta\,d\theta)\\
&=r\cos^2\theta\,dr\wedge d\theta-r\sin^2\theta\,d\theta\wedge dr\\
&=r(\cos^2\theta+\sin^2\theta)\,dr\wedge d\theta\\
&=r\,dr\wedge d\theta.
\end{aligned}$$

したがって，

$$\Phi^*(f(x,y)\,dx\wedge dy)=f(r,\theta)r\,dr\wedge d\theta.$$

上の計算を使って領域 $D=\{(x,y):1\leqq x^2+y^2\leqq 4\}$ 上の積分 $\displaystyle\iint_D\frac{dx\wedge dy}{(1+x^2+y^2)^2}$ を計算する．領域 D に対応する極座標上の領域は $E=\{(r,\theta):1\leqq r\leqq 2,\,0\leqq\theta\leqq 2\pi\}$ となるので

$$\begin{aligned}
\int_D \frac{dx \wedge dy}{(1+x^2+y^2)^2} &= \int_E \frac{r\,dr \wedge d\theta}{(1+r^2)^2} \\
&= \iint_E \frac{r\,drd\theta}{(1+r^2)^2} \\
&= \frac{1}{2}\left(\int_1^2 \frac{(1+r^2)'}{(1+r^2)^2}\,dr\right)\cdot\left(\int_0^{2\pi} d\theta\right) \\
&= \frac{1}{2}\left[-(1+r^2)^{-1}\right]_1^2 \cdot 2\pi \\
&= \pi\left(\frac{1}{2}-\frac{1}{5}\right) = \frac{3\pi}{10}.
\end{aligned}$$

例 5.2.3. 領域 $D = \{(x,y) : 0 \leqq x-y \leqq 1, 0 \leqq x+y \leqq 1\}$ 上の積分 $\displaystyle\int_D (x-y)e^{x+y}\,dx \wedge dy$ を求めよ.

$s = x-y,\ t = x+y$ と置くと

$$\begin{aligned}
ds &= \frac{\partial}{\partial x}(x-y)\,dx + \frac{\partial}{\partial y}(x-y)\,dy = dx - dy, \\
dt &= \frac{\partial}{\partial x}(x+y)\,dx + \frac{\partial}{\partial y}(x+y)\,dy = dx + dy,
\end{aligned}$$

$$\begin{aligned}
ds \wedge dt &= (dx-dy)\wedge(dx+dy) \\
&= dx \wedge dy - dy \wedge dx \\
&= 2\,dx \wedge dy \\
\frac{ds \wedge dt}{2} &= dx \wedge dy.
\end{aligned}$$

領域 D に対応する s-t 平面内の領域は $E = \{(s,t) : 0 \leqq s \leqq 1,\ 0 \leqq t \leqq 1\}$ となるので,

$$\begin{aligned}
\int_D (x-y)e^{x+y}\,dx \wedge dy &= \int_E se^t\,\frac{ds \wedge dt}{2} \\
&= \frac{1}{2}\iint_E se^t\,dsdt \\
&= \frac{1}{2}\left(\int_0^1 s\,ds\right)\cdot\left(\int_0^1 e^t\,dt\right) \\
&= \frac{1}{2}\cdot\left[\frac{s^2}{2}\right]_0^1\cdot\left[e^t\right]_0^1 \\
&= \frac{1}{2}\cdot\frac{1}{2}\cdot(e-1) = \frac{e-1}{4}.
\end{aligned}$$

5.3 Green の定理

5.3.1 Green の定理

D を平面内の有界な領域で，その境界線を曲線 $C = \partial D$ とする．このとき，D 上の微分 1 形式 $u = f(x,y)\,dx + g(x,y)\,dy$ に対して次が成り立つ．

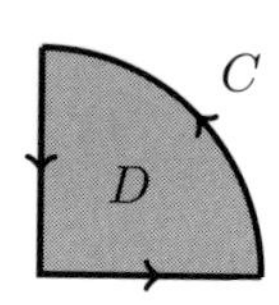

$$\int_{\partial D} u = \int_D du,$$
$$\int_C f\,dx + g\,dy = \int_D \left(\frac{\partial g}{\partial x} - \frac{\partial f}{\partial y}\right) dx \wedge dy.$$

ただし，曲線 C の向きは D の内部が左側になる向きとする．

例 5.3.1. C を 3 点 $(0,0)$, $(1,2)$, $(0,2)$ を頂点とする三角形の周とする．このとき $\int_C 4x^2y\,dx + 2y\,dy$ を計算せよ．

C_1 を点 $(0,0)$ から $(1,2)$ へ向かう直線とすると $(t, 2t)$ と表せるので $dx = dt$, $dy = 2\,dt$ となる．したがって，

$$\int_{C_1} 4x^2y\,dx + 2y\,dy = \int_0^1 (8t^3 + 8t)\,dt$$
$$= \left[2t^4 + 4t^2\right]_0^1 = 6.$$

C_2 を $(1,2)$ から $(0,2)$ へ向かう直線とすると $(t,2)$ と表せるので $dx = dt$, $dy = 0$ となる．したがって，

$$\int_{C_2} 4x^2y\,dx + 2y\,dy = \int_1^0 8t^2\,dt$$
$$= \left[\frac{8t^3}{3}\right]_1^0 = -\frac{8}{3}.$$

C_3 を $(0,2)$ から $(0,0)$ へ向かう直線とすると $(0,t)$ と表せるので $dx = 0$, $dy = dt$ となる．したがって，

$$\int_{C_2} 4x^2y\,dx + 2y\,dy = \int_2^0 2t\,dt$$
$$= \left[t^2\right]_2^0 = -4.$$

よって，

$$\int_C 4x^2y\,dx + 2y\,dy = 6 - \frac{8}{3} - 4 = -\frac{2}{3}.$$

今度は Green の定理を使って計算すると

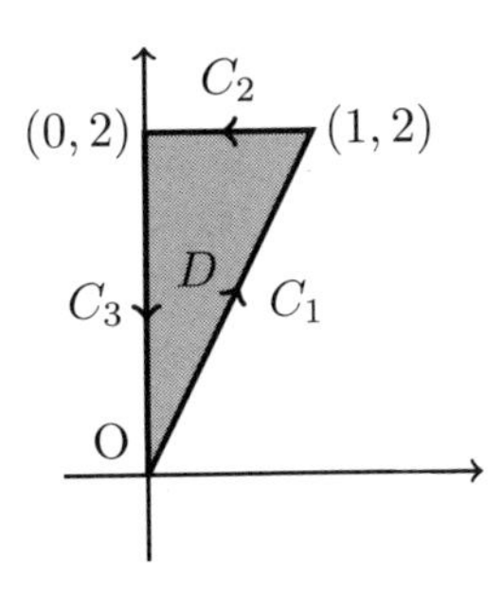

$$
\begin{aligned}
\int_C 4x^2y\,dx + 2y\,dy &= \int_D (0-4x^2)\,dx\wedge dy \\
&= \iint_D (-4x^2)\,dxdy \\
&= \int_0^1 \left(\int_{2x}^2 (-4x^2)\,dy\right)\,dx \\
&= \int_0^1 \left[-4x^2y\right]_{2x}^2\,dx \\
&= \int_0^1 (-8x^2+8x^3)\,dx \\
&= \left[-\frac{8}{3}x^3+2x^4\right]_0^1 = -\frac{2}{3}.
\end{aligned}
$$

例 **5.3.2.** 平面の領域 D の周を C とすると

$$
\frac{1}{2}\int_C -y\,dx + x\,dy = \frac{1}{2}\int_D (1+1)\,dx\wedge dy = \iint_D dxdy = \mathrm{Area}(D)
$$

特に，楕円 $\dfrac{x^2}{a^2}+\dfrac{y^2}{b^2}=1$ の面積は $x = a\cos\theta,\ y = b\sin\theta$ と媒介変数表示すると $dx = -a\sin\theta\ d\theta,\ dy = b\cos\theta\ d\theta$ と表せるので

$$
\begin{aligned}
\frac{1}{2}\int_C -y\,dx + x\,dy &= \frac{1}{2}\int_0^{2\pi} -b\sin\theta(-a\sin\theta\,d\theta) + a\cos\theta(b\cos\theta\,d\theta) \\
&= \frac{1}{2}\int_0^{2\pi} ab(\sin^2\theta+\cos^2\theta)\,d\theta \\
&= \frac{ab}{2}\int_0^{2\pi} d\theta = ab\pi
\end{aligned}
$$

と求められる．

5.3.2 Green の定理の証明の概略

先ずは，区画 $D=[a,b]\times[c,d]$ の場合を証明する．ここで C_1 を点 (a,c) と点 (b,c) を，C_2 を点 (b,c) と点 (b,d) を，C_3 を点 (b,d) と点 (a,d) を，C_4 を点 (a,d) と点 (a,c) を結ぶ線分とする．このとき，$\displaystyle\int_C f(x,y)\,dx$ を考えると C_2, C_4 上では $dx=0$ なので

$$
\begin{aligned}
\int_C f(x,y)\,dx &= \int_{C_1} f(x,y)\,dx + \int_{C_3} f(x,y)\,dx \\
&= \int_a^b f(x,c)\,dx + \int_b^a f(x,d)\,dx \\
&= \int_a^b \{f(x,c) - f(x,d)\}\,dx \\
&= \int_a^b \left(\int_c^d -\frac{\partial f}{\partial y}\,dy \right) dx \\
&= \iint_D \left(-\frac{\partial f}{\partial y} \right) dx \wedge dy \\
&= \int_D d(f(x,y)\,dx).
\end{aligned}
$$

C_3 (a,d) (b,d) C_4 D C_2 (a,c) (b,c) C_1

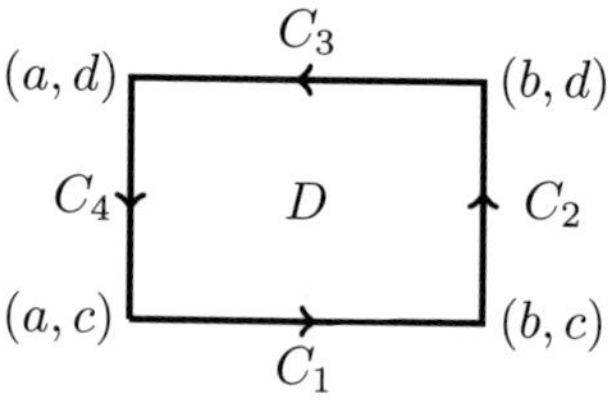

同様に微分 1 形式 $g(x,y)\,dy$ についても成り立つ．したがって，その和 $f(x,y)\,dx + g(x,y)\,dy$ に対しても Green の定理は成り立つ．

今度は，2 つの区画 D, D' が隣接しているとする．このとき C_2 と C_4' は同じ辺であるが向きが逆向きになっているので $\int_{C_2} u + \int_{C_4'} u = 0$ となることに注意すると

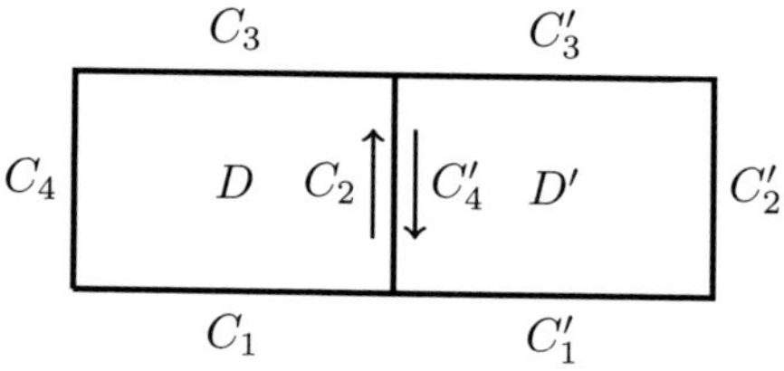

C_3 C_3' C_4 D C_2 C_4' D' C_2' C_1 C_1'

$$
\begin{aligned}
\int_{D \cup D'} du &= \int_D du + \int_{D'} du \\
&= \int_{C_1} u + \int_{C_2} u + \int_{C_3} u + \int_{C_4} u + \int_{C_1'} u + \int_{C_2'} u + \int_{C_3'} u + \int_{C_4'} u \\
&= \int_{C_1} u + \int_{C_1'} u + \int_{C_2'} u + \int_{C_3'} u + \int_{C_3} u + \int_{C_4} u \\
&= \int_{\partial(D \cup D')} u.
\end{aligned}
$$

今，区画が 2 個のとき成り立つことを証明したが，帰納法を使えば有限個の区画の和集合のときにも成り立つことが示せる．

さらに一般の領域上の積分は，区画の和集合上の積分の極限にもなるので，一般の領域についても Green の定理が成り立つことが示せる．

<著者紹介>

佐藤　文敏　(さとう　ふみとし)

略歴

Ph. D. (University of Utah). 名古屋大学研究員，韓国高等科学院研究員， Institut Mittag-Leffler Fellow，名古屋大学助教を経て 2009 年から香川高等専門学校. 現在，香川高等専門学校准教授.

専門は代数幾何，特に曲線のモジュライ.

2 変数の微分積分

2021 年 3 月 16 日　初版第 1 刷発行

著　者　佐藤　文敏（さとう・ふみとし）

発行所　ブイツーソリューション

〒466-0848 名古屋市昭和区長戸町 4-40

電話 052-799-7391　Fax 052-799-7984

発売元　星雲社（共同出版社・流通責任出版社）

〒112-0005 東京都文京区水道 1-3-30

電話 03-3868-3275　Fax 03-3868-6588

印刷所　モリモト印刷

ISBN 978-4-434-28698-8